U0299490

国家出版基金项目
NATIONAL PUBLICATION FOUNDATION

"十三五"国家重点图书出版规划项目
交通运输科技丛书·公路基础设施建设与养护
港珠澳大桥跨海集群工程建设关键技术与创新成果书系
国家科技支撑计划资助项目（2011BAG07B05）

施工海域中华白海豚
声学保护技术

Acoustical Conservation Techniques for
the Chinese White Dolphin in Offshore Construction Waters

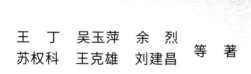

王 丁　吴玉萍　余 烈
苏权科　王克雄　刘建昌　等 著

人民交通出版社股份有限公司
China Communications Press Co.,Ltd.

内 容 提 要

本书采用声学记录、行为观察、照相识别、听觉电生理测量等技术,记录和分析了中华白海豚的发声及行为特征,测量了中华白海豚的听觉能力,获得了能真实反映施工海域中华白海豚状况的数据,提出具有普遍适用性和可推广性的针对施工海域中华白海豚保护的声驱赶技术规程。

本书适合从事鲸豚研究和保护的专业技术人员以及从事桥梁港口等涉水工程建设的技术和管理人员阅读和参考,也可作为保护生物学、声学、生态学、交通工程、海洋工程等专业的学生和教师的参考用书。

Abstract

Vocalization and behavior characteristics of Chinese White Dolphins(CWDs) were recorded and analyzed, auditory capabilities of CWDs were measured via sound recording, behavioral observation, photo identification and auditory electrophysiological methods; data that can truly reflect the status of CWDs in the construction area was obtained; and technical specifications of acoustical conservation with universal applicability and generalizability for the protection of CWDs in construction areas were proposed.

This book is suitable for reading and reference by professional technicians engaged in the research and protection of cetaceans, as well as technical and management personnel working on the construction of offshore projects such as bridges and ports. It could be used as a reference book for the students and teachers majoring in conservation biology, acoustics, ecology, traffic engineering, marine engineering, etc.

《施工海域中华白海豚声学保护技术》
编 写 组

组　　长：王　丁　吴玉萍　余　烈

副 组 长：苏权科　王克雄　刘建昌

编写人员：段国钦　曹汉江　王志陶　宁　曦　黄志雄

方　亮　时文静　原　静　林文治　郑锐强

莫雅茜　余新建　郭　浪　李　俊　温　华

张　菊　徐洪磊　郑学文　傅毅明　柴　瑞

苏宗贤　段鹏翔　程兆龙

总　序

General Preface

　　科技是国家强盛之基,创新是民族进步之魂。中华民族正处在全面建成小康社会的决胜阶段,比以往任何时候都更加需要强大的科技创新力量。党的十八大以来,以习近平同志为总书记的党中央作出了实施创新驱动发展战略的重大部署。党的十八届五中全会提出必须牢固树立并切实贯彻创新、协调、绿色、开放、共享的发展理念,进一步发挥科技创新在全面创新中的引领作用。在最近召开的全国科技创新大会上,习近平总书记指出要在我国发展新的历史起点上,把科技创新摆在更加重要的位置,吹响了建设世界科技强国的号角。大会强调,实现"两个一百年"奋斗目标,实现中华民族伟大复兴的中国梦,必须坚持走中国特色自主创新道路,面向世界科技前沿、面向经济主战场、面向国家重大需求。这是党中央综合分析国内外大势、立足我国发展全局提出的重大战略目标和战略部署,为加快推进我国科技创新指明了战略方向。

　　科技创新为我国交通运输事业发展提供了不竭的动力。交通运输部党组坚决贯彻落实中央战略部署,将科技创新摆在交通运输现代化建设全局的突出位置,坚持面向需求、面向世界、面向未来,把智慧交通建设作为主战场,深入实施创新驱动发展战略,以科技创新引领交通运输的全面创新。通过全行业广大科研工作者长期不懈的努力,交通运输科技创新取得了重大进展与突出成效,在黄金水道能力提升、跨海集群工程建设、沥青路面新材料、智能化水面溢油处置、饱和潜水成套技术等方面取得了一系列具有国际领先水平的重大成果,培养了一批高素质的科技创新人才,支撑了行业持续快速发展。同时,通过科技示范工程、科技成果推广计划、专项行动计划、科技成果推广目录等,推广应用了千余项科研成果,有力促进了科研向现实生产力转化。组织出版"交通运输建设科技丛书",是推进科技成果公开、加强科技成果推广应用的一项重要举措。"十二五"期间,该丛书共出版72册,全部列入"十二五"国家重点图书出版规划项目,其中12册获得国家出版基金支持,6 册获中华优秀出版物奖图书提名奖,行业影响力和社会知名度不断扩大,逐渐成为交通运输高端学术交流和科技成果公开的重要平台。

"十三五"时期,交通运输改革发展任务更加艰巨繁重,政策制定、基础设施建设、运输管理等领域更加迫切需要科技创新提供有力支撑。为适应形势变化的需要,在以往工作的基础上,我们将组织出版"交通运输科技丛书",其覆盖内容由建设技术扩展到交通运输科学技术各领域,汇集交通运输行业高水平的学术专著,及时集中展示交通运输重大科技成果,将对提升交通运输决策管理水平、促进高层次学术交流、技术传播和专业人才培养发挥积极作用。

当前,全党全国各族人民正在为全面建成小康社会、实现中华民族伟大复兴的中国梦而团结奋斗。交通运输肩负着经济社会发展先行官的政治使命和重大任务,并力争在第二个百年目标实现之前建成世界交通强国,我们迫切需要以科技创新推动转型升级。创新的事业呼唤创新的人才。希望广大科技工作者牢牢抓住科技创新的重要历史机遇,紧密结合交通运输发展的中心任务,锐意进取、锐意创新,以科技创新的丰硕成果为建设综合交通、智慧交通、绿色交通、平安交通贡献新的更大的力量!

杨传堂

2016 年 6 月 24 日

　　2003 年,港珠澳大桥工程研究启动。2009 年,为应对由美国次贷危机引发的全球金融危机,保持粤、港、澳三地经济社会稳定,中央政府决定加快推进港珠澳大桥建设。港珠澳大桥跨越珠江口伶仃洋海域,东接香港特别行政区,西接广东省珠海市和澳门特别行政区,是"一国两制"框架下粤、港、澳三地合作建设的重大交通基础设施工程。港珠澳大桥建设规模宏大,建设条件复杂,工程技术难度、生态保护要求很高。

　　2010 年 9 月,由科技部支持立项的"十二五"国家科技支撑计划"港珠澳大桥跨海集群工程建设关键技术研究与示范"项目启动实施。国家科技支撑计划,以重大公益技术及产业共性技术研究开发与应用示范为重点,结合重大工程建设和重大装备开发,加强集成创新和引进消化吸收再创新,重点解决涉及全局性、跨行业、跨地区的重大技术问题,着力攻克一批关键技术,突破瓶颈制约,提升产业竞争力,为我国经济社会协调发展提供支撑。

　　港珠澳大桥国家科技支撑计划项目共设五个课题,包含隧道、人工岛、桥梁、混凝土结构耐久性和建设管理等方面的研究内容,既是港珠澳大桥在建设过程中急需解决的技术难题,又是交通运输行业建设未来发展需要突破的技术瓶颈,其研究成果不但能为港珠澳大桥建设提供技术支撑,还可为规划研究中的深圳至中山通道、渤海湾通道、琼州海峡通道等重大工程提供技术储备。

　　2015 年底,国家科技支撑计划项目顺利通过了科技部验收。在此基础上,港珠澳大桥管理局结合生产实践,进一步组织相关研究单位对以国家科技支撑计划项目为主的研究成果进行了深化梳理,总结形成了"港珠澳大桥跨海集群工程建设关键技术与创新成果书系"。书系被纳入了"交通运输科技丛书",由人民交通出版社股份有限公司组织出版,以期更好地面向读者,进一步推进科技成果公开,进一步加强科技成果交流。

值此书系出版之际，祝愿广大交通运输科技工作者和建设者秉承优良传统，按照党的十八大报告"科技创新是提高社会生产力和综合国力的战略支撑，必须摆在国家发展全局的核心位置"的要求，努力提高科技创新能力，努力推进交通运输行业转型升级，为实现"人便于行、货畅其流"的梦想，为实现中华民族伟大复兴而努力！

港珠澳大桥国家科技支撑计划项目领导小组组长

本书系编审委员会主任

2016 年 9 月

前　言
Foreword ▬▬▬

　　中华白海豚是国家一级重点保护野生动物,有"海上大熊猫"之称。广东省珠江口是我国中华白海豚分布最集中的水域。为了更好地保护这个珍稀濒危物种,广东省政府1999年建立了珠江口中华白海豚省级自然保护区,2003年国务院批准将该保护区升格为国家级自然保护区。

　　中华白海豚栖息的伶仃洋水域是世界上非常繁忙的河口水域之一。在这样一个经济发达、人类活动频繁的区域里,中华白海豚种群的生存受到多方面(包括渔业活动、船舶航运、港口码头桥梁建设以及水质污染等)的威胁。

　　港珠澳大桥是珠江三角洲地区快速交通网络的重要组成部分,其建成使用在最大限度上满足不断增长的交通需求,在促进香港、珠海、澳门三地的经济交流,推动华南沿海城市快速交通网的形成等方面将发挥重要作用。由于港珠澳大桥穿越的伶仃洋水域是中华白海豚的重要分布区,同时也穿越自然保护区的核心区,港珠澳大桥建设工程对中华白海豚保护产生的不利影响是难以避免的。因此,必须加强施工期和营运期对中华白海豚保护工作的监督,采取有效的补救措施,最大限度地降低不利影响。

　　中华白海豚生活在近岸水域,尤其是河口水域,对水深有比较严苛的要求,较少进入过深的水域。一般情况下,人类在近岸水域的活动最频繁,比如渔业捕捞、围海养殖、码头港口建设、桥梁建设以及筑堤护岸、风力发电等。这些活动除了直接占据中华白海豚的栖息水域外,还会扰乱中华白海豚正常活动,甚至导致中华白海豚受到伤害或非正常死亡。在人类活动的直接和间接影响中,水下噪声是重要的影响因子。水下噪声来源多样,并且组成复杂,传播距离远,在近处强度高。通常情况下,当水下噪声频率与动物声信号频率接近或一致时,噪声对动物的声通信或声探测有明显影响,并且即使两者的频率不一致,一旦噪声强度明显高于动物声信号,噪声的影响也会很明显。

中华白海豚完全依赖回声定位及声通信生存和繁衍，其发出的声信号一方面是用于探测周围环境及巡航、测量目标距离，另一方面是用于群体内个体间或不同群体之间的交流、情感表达以及抚幼。作为中华白海豚的重要生存手段，回声定位及声通信的物理及生物过程一直备受关注，但是，到目前为止相关的研究鲜有报道。相比于瓶鼻海豚等广泛饲养的齿鲸类动物而言，中华白海豚目前的饲养和繁殖工作尚属起步阶段，因此，受研究条件和研究对象的限制，中华白海豚声学研究工作非常有限，并且这些有限的工作至少有一半是来自对野外个体或群体的跟踪录音。

目前，国内外有关海豚声学保护的研究较多，最主要的内容包括水下噪声对海豚听觉能力的影响和伤害，以及通过声警戒驱赶海豚，使其避开有潜在危险的水域。前者主要是通过测量海豚听觉能力，以及观察噪声对海豚发声及行为影响进行研究；后者主要是通过水下装置发出干扰信号，观察海豚避开声源区的行为进行研究。由于中华白海豚个体较大，并且饲养个体较少，尚未有相关的研究涉及其听觉能力测量。此外，由于对中华白海豚声信号特征的了解极其有限，因此，亦未有针对中华白海豚声信号特征而开发的水下声驱赶装置面市。

随着海洋开发和近海人类活动增多，有关声学保护技术的研究已成为海豚保护生物学研究的重要内容之一。设置水下声屏障（气泡幕）、安装自动水下发声装置等技术已经在国内外有应用，但是由于海豚种类的差异，以及不同类型施工及施工水域的差异，这些技术和方法都有其各自的特殊性和局限性。因此，针对港珠澳大桥施工及珠江口水域中华白海豚的声学保护技术应开展目的性较强的研究。

中华白海豚能发出低频通信信号（哨叫声）和高频探测信号（回声定位信号）。有效的中华白海豚声驱赶保护技术方案应建立在低频通信信号和高频探测信号相结合、声学和行为学相结合、普遍适用性和具体针对性相结合的基础之上。

本书结合现场调查和试验分析的结果，提出了施工海域中华白海豚声驱赶保护技术规程。目的是通过相关的声学技术措施有效地保护施工海域的中华白海豚，并为其他种类海豚的保护提供技术借鉴，促进近海鲸豚类动物的保护。

本书主要创新点：

(1)描述中华白海豚行为，分析其行为的相关功能与成因，通过行为观察，建立完整的行为谱；

(2)记录和分析中华白海豚通信信号及探测信号，获得其声源级大小及不同

类型声信号的基本物理学参数,分析中华白海豚对噪声的敏感性,以及行为响应等;

(3)分析中华白海豚在不同噪声环境中的发声特征,提出具有普遍适用性和可推广性的针对施工海域中华白海豚的声驱赶保护技术规范。

本书由中国科学院水生生物研究所、中山大学、交通运输部规划研究院、港珠澳大桥管理局组织编写。中国科学院水生生物研究所王克雄、王丁、王志陶、方亮、时文静、原静、程兆龙、段鹏翔等主要编写第 2 章、第 4 章和第 5 章。中山大学吴玉萍、宁曦、林文治、郑锐强、莫雅茜、余新建、郭浪、李俊等主要编写第 1 章和第 3 章。

本书研究内容的开展基于国家科技支撑计划项目"港珠澳大桥跨海集群工程建设关键技术研究与示范"(2011BAG07B00)课题五"跨境隧-岛-桥集群工程的建设管理、防灾减灾及节能环保关键技术"(2011BAG07B05)和子课题三"跨境隧-岛-桥集群工程安全环境管理需求与对策研究"(2011BAG07B05-03)的支持。中国科学院深海科学与工程研究所李松海研究员等专家对本书初稿提出了建设性的修改建议,特此致谢。

作　者
2018 年 1 月

目 录

Contents ■■■■

第1章 中华白海豚种群特征 和行为学特征

1.1 中华白海豚种群特征和现状

中华白海豚(Sousa chinensis)于1988年被列为国家一级重点保护的海洋珍稀动物。泛珠江口(包括香港水域)是我国目前拥有中华白海豚种群最密集的海域,估计现存数量为2 000头以上。在这样一个船舶穿梭频繁的海域里,中华白海豚的种群生存受到多方面的威胁,年平均搁浅个体约20头,还有部分白海豚遭到船舶、渔网等的机械创伤,还有水质污染以及食物短缺等多种威胁存在。根据近年对其种群的持续监测,发现种群存活率下降,珠江口东部群体结构明显呈老龄化趋势。这与中华白海豚低出生率或幼豚存活率低有关。其主要原因包括渔业资源的减少,海洋生存环境的持续恶化,过度频繁的海上航运,各种海洋工程的建设以及以上原因的叠加。

1.1.1 中华白海豚的生物学特征

1.1.1.1 分类学

各地学者称中华白海豚为"印度-太平洋驼背海豚"(Indo-Pacific humpback dolphin),"中华白海豚"只是中国的本地称号,中华白海豚属于鲸类的海豚科,是瓶鼻海豚(Tursiops SP)及虎鲸(Orcinus orca)的近亲,在动物分类学上隶属于脊椎动物亚门、哺乳纲、鲸目、齿鲸亚目、海豚科、白海豚属,拉丁文学名 Sousa chinensis。很多人认为中华白海豚是一种鱼类,其实它们以及其他鲸鱼及海豚都是哺乳类动物,和人类一样属于恒温动物、用肺部呼吸、怀胎产子及用乳汁哺育幼儿。

中华白海豚在不同的地区有不同的俗称。清朝初期,广东珠江口一带称它为卢亭,也有渔民称之为白忌和海猪,其他俗名还有妈祖鱼、粉红海豚、镇江鱼和白鰭等。

1.1.1.2 体形及外部结构

中华白海豚身体似纺锤状(图1-1)。吻突狭长侧扁,为体长的7%～8%。上颌端比下颌端略短,额隆不高,有一道V形凹痕将吻突与额隆隔开。眼小且呈椭圆形,位于口角稍后上方,成年个体眼裂长约25mm。外耳甚小,位于眼的后下方,直径约1mm。呼吸孔呈新月形裂隙,两端向前,位于头顶部两眼直线之间稍后略偏左侧。背鳍略呈三角形,位于体背中间;背鳍基部较长,无鳍脊或隆起,梢端钝且向后倾,后缘稍凹,背鳍较高。鳍肢短而宽,梢端钝,外缘为弧形,内缘凸出。尾柄高而侧扁,上下分别形成嵴和"龙骨",在肛门垂线后方。尾叶宽阔;尾缘较平整,中央的缺刻较深;在缺刻处的左右两尾叶呈一对弧形瓣。雌性生殖裂紧接在肛门之前,生殖裂前方两侧各有一乳腺裂,每乳腺裂内有一乳头。老年个体乳裂外侧往往还有形如乳沟的褶沟。雄性的生殖裂离肛门较远,间距约为雌性3倍。雌性和雄性皆由生殖裂向脐处纵延伸而成一纵长褶沟,沟的后1/2部分凹入较深。

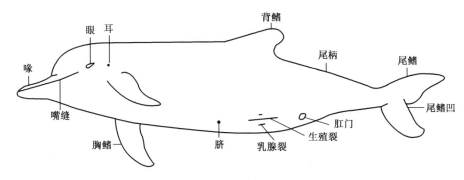

图1-1　中华白海豚外部形态(雌性)

1.1.1.3　体色与生命周期

中华白海豚的体色随年龄增长呈连贯性变化。尽管个体在具体年龄上体色变化存在不同程度的差异,但仍能够从体色的整体水平掌握群体的年龄结构。目前,根据已有研究经验将中华白海豚分为6个生长时期(图1-2):UC期——无斑点幼豚,刚出生至1岁左右的小海豚,体色呈铅灰色,出生不久的个体可以看到胎褶;UJ期——大约为1~3岁的无斑点青年个体,体色逐渐变淡呈浅灰色;SJ期——有斑点青年个体,随着逐渐长大,灰色慢慢褪去,浑身布满密密麻麻的斑点;Molted期——多斑点成年个体,身上的斑点褪到约占身体一半左右,已开始性成熟;SA期——少斑点成年个体,身上剩少量的斑点;UA期——无斑点成年个体,浑身纯白或仅剩极少斑点。

目前的一些研究表明,中华白海豚的雌性和雄性个体身上斑点随着年龄增长褪去的速度并不一致。雌性海豚成年时大多已变成白色,只在头部有少量斑点,有的甚至没有斑点;而雄性海豚至成年时,斑点褪去较缓慢,有的成年雄性海豚甚至可能仍布满斑点。

一般认为,珠江口的中华白海豚的普遍寿命为30~40岁。根据在珠海水域搁浅中华白海豚牙齿样本的年龄分析结果,目前采集到年龄最大的个体为43岁。

根据对香港水域中华白海豚生长参数的初步研究,中华白海豚胎儿的生长率约8.8cm/月,刚出生的幼豚体长大约100cm,出生的第一年生长迅速,随后生长速度略有减缓;10岁左右,即接近性成熟时,中华白海豚进入第二个生长高峰期,16岁左右体长增长至最长,体长生长渐近值约243cm。中华白海豚的体长与体重最高分别可以达到约270cm和250kg。

图 1-2　中华白海豚不同年龄阶段的体色变化(林文治等,拍摄)

1.1.1.4　内部组织与器官

中华白海豚的肌肉为深红色,不同个体、同一个体不同部位的皮下脂肪有一定差别。由于季节的变化与摄食量密切相关,其脂肪层的厚度随不同的季节也有所变化。在冬、春两季水温较低,摄食量大,脂肪层较厚;夏、秋两季水温上升,摄食量小,脂肪层厚度也相应减小。母豚妊娠期的脂肪层较哺乳期脂肪层厚。中华白海豚的各种器官在体腔中的位置、形态、结构与陆生哺乳动物大同小异。

呼吸系统:与陆生哺乳动物一样,中华白海豚用肺呼吸,肺部发达,左右各有一叶肺,为单叶肺。外呼吸孔开放于头额顶端,呈半月形,呼吸时头部与背部露出水面,直接呼吸空气中的氧气。

消化系统:中华白海豚有三个胃室,分别是前胃、主胃及幽门胃。前胃主要起容纳食物及机械消化作用,与反刍动物的瘤胃相似;主胃即真胃,主要起化学消化的作用;幽门胃的具体功能仍有待研究。胃的大小与个体直接相关,胃的内容积则与内含物多少有关。肠道长,成年个体的肠道一般是体长的 7~8 倍,幼体则为 5 倍左右。

循环系统:血液为深红色。与陆生哺乳动物相比,中华白海豚的血液中含有许多肌红蛋白,能携带更多的氧气。

骨骼系统(图 1-3):骨轻而疏松。脊柱的组成、椎骨的大小和结构与身体的流线型一致。

前肢骨骼及肢带骨具有典型哺乳动物的五指结构,但臂骨缩短,指骨延长。肩胛骨的关节利于前后摆动。

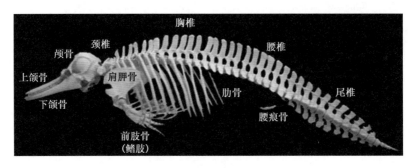

图 1-3　中华白海豚骨骼系统(张海飞等,2009)

泌尿生殖系统:中华白海豚的肾与牛肾相似,为桑葚形,体积较大,由几十个具有相对独立功能的小肾构成,整个肾表面上有 120 多个突起物。雄性阴茎和巨大的睾丸隐于下腹腔。雌性两个卵巢分别位于子宫的左右。

1.1.1.5　繁殖

据对中华白海豚繁殖参数的初步研究,雌性中华白海豚的性成熟年龄在 9 ~ 10 岁,而雄性个体比雌性晚 2 ~ 3 年。中华白海豚交配大多发生在 4 ~ 8 月(即春、夏季),怀孕期约为 11 个月。每胎大多只怀一头小海豚,出生后母豚需哺乳幼豚,直至幼豚能够独立捕食。母豚大多间隔 3 年左右生一胎,繁殖力略低。

珠江口水域全年均有中华白海豚的幼豚出生。幼豚出生的高峰期多在每年的 4 ~ 8 月份,即从春末至夏末。刚出生的幼豚皮下脂肪层较薄,需要从母豚处吸取高脂肪的乳汁使其积存足够厚的脂肪层,以保持体温。

1.1.1.6　食性

成年中华白海豚上下颌共有椎型齿 125 ~ 135 枚,排列稀疏,其功能是用于捕食。捕食对象主要是河口水域的鱼类,捕食后不经咀嚼快速吞食。中华白海豚常花费大量时间用在捕食活动中,它们有时紧跟渔船捕食,有时在岸边追逐鱼群,有时又高高跃起,继而重重拍打在水面上,其实这也可能与它们的捕食策略有关。

目前,许多研究已开展了对于中华白海豚的食物构成的调查。1965 年,汪伟洋分析在厦门水域捕获的 36 头中华白海豚标本的食性时,发现其主要食物是鲻属(*Mugil spp.*)、鳓属(*Ilisha spp.*)、鲚属(*Coilia spp.*)等鱼类。2004 年,Barros 等在分析香港水域搁浅中华白海豚的胃含物时发现,胃中的残留物主要是一些鱼类,包括至少 14 科 24 种鱼类,主要的食物包括叫姑鱼属(*Johnius spp.*)、棱鳀属(*Thrissa spp.*)、棘头梅童鱼(*Collichthys lucida*)等鱼类,而头足类和甲壳类很少见到,仅在一个胃样本中发现了一种头足类。基于以上研究可以发现,中华白海豚的食物主要是鱼类,较少见到其摄食头足类和甲壳类等动物。

1.1.1.7 回声定位系统

回声定位是指动物靠监听其本身所发声信号遇到物体产生的回声,来探测和分辨目标的能力,也是动物监控其生活环境的感觉功能之一,即通常所说的动物声呐。中华白海豚利用其声呐系统,能精确辨别方位,识别海底情况、水中物体的大小,测量目标距离,并能分辨出鱼类、软体动物、甲壳类等各种食物。中华白海豚所发的声音,除用于回声定位外,还可用于相互间的通信联系等。

1.1.2 中华白海豚身体结构对环境的适应

中华白海豚是暖水性的海洋哺乳动物,喜栖于热带和亚热带沿海,特别是河口水域。中华白海豚具备哺乳动物基本特征,但因其为二次下水生活,水环境与陆地环境有本质的差别,中华白海豚在运动、呼吸、繁殖、感觉等方面必须和水生游泳生活相适应,因此,中华白海豚的外部形态、内脏和骨骼以及生理结构有明显不同于陆生哺乳类的特点。

1.1.2.1 对游泳运动的适应

中华白海豚的身体呈流线型,体表光滑,刚毛退化,外耳廓、后肢消失,无明显颈部,阴茎、乳突平时不露出体外,睾丸为隐睾,这些都是有助于减少游泳阻力的外部特征。

中华白海豚成年个体的腹部脂肪层平均厚度超过27mm,幼体也超过6mm,这样厚的脂肪层既有利于减少身体热量散失,又能增加浮力。中华白海豚具有陆生哺乳动物所没有的背鳍和尾鳍,这两个部位均无骨骼,特别是尾鳍,主要由肌肉和结缔组织构成。尾柄肌腱发达。脊椎横突上下的肌肉运动,连同尾部的上下摆动,共同为游泳运动提供动力。

中华白海豚脊柱的组成、椎骨的大小和结构与身体的流线型相一致。椎骨间的交错比陆生哺乳动物要少得多,在椎体间有大的纤维盘,有利于身体的大幅度运动。在肛门前上方体壁肌肉中残存两块腰痕骨。尾椎骨的椎体大(陆生哺乳动物的尾椎骨趋于退化),且于下方有独特的"V"形骨,利于尾柄的剧烈摆动。与陆生哺乳动物相比,中华白海豚的肋骨与胸骨连接较松。

1.1.2.2 对呼吸的适应

在中华白海豚头顶有一半月形的呼吸孔,头顶露出水面就能进行呼吸,这样能帮助其节省能量。呼吸孔强有力的肌肉形成一个特殊开关,潜水时能阻止海水进入。鼻道弯曲、复杂;呼吸道上部延伸至鼻腔而不是咽喉,使得呼吸系统与消化系统基本分开,避免水通过口腔进入呼吸系统。中华白海豚的肺很大,单叶,横膈膜特别厚,保证了肺容量及每次呼吸时有高效的气体交换。血红蛋白、肌红蛋白含量高,能携带更多的氧气。

1.1.2.3 对水中繁殖的适应

中华白海豚的生殖过程在水下完成。在每年4~8月间,雌雄个体成对腹面相向,一齐将身体跃出水面,进行交配。幼豚出生时,尾部先从母体露出。幼豚出生时必须由母豚将其顶出水面呼吸。常见刚出生的幼豚,由数头紧紧相靠的成年豚以背部托出水面,帮助幼豚游泳。在哺乳期,母幼伴游、寸步不离,幼豚紧贴母豚身旁游泳,随母豚浮起呼吸。

1.1.2.4 感官对水环境的适应

中华白海豚有一双眼,无睫毛、眉毛。无耳部,只在眼后有一小孔,外耳道很细。海域中缆绳和浮子密集,但海豚仍能自如穿梭其中,这主要是依赖其独特的回声定位系统。在呼吸孔下有气囊群,气囊群发出的声波经额隆传入水中。声波遇到物体后反射,通过接收器官接收反射的声波,传入内耳和大脑进行分析定位。这个回声定位系统虽然复杂,但反应极其迅速、准确,可以迅速反馈周围物体的大小、形状、密度、结构等属性,并使其快速作出判断和反应。

因水生生活,中华白海豚有些器官和组织退化或消失,仅在胎儿期出现或成为痕迹器官,如未出生的胎儿有刚毛,成体的腰痕骨游离横置于腹部肌肉中。

中华白海豚皮肤表面能产生小的漩涡,从而减少阻力。其血液有非常强的溶解氧气的能力,这种高效获氧能力、很高的耐乳酸能力以及有效的神经调节能力,使得海豚能较长时间保持无氧呼吸。

1.1.3 中华白海豚的生态习性

1.1.3.1 潜泳时间

香港研究人员根据陆地观测站的观测,研究了中华白海豚不同群体的潜泳时间(图1-4)。研究表明,大部分的中华白海豚群体的潜泳时间少于1min,潜泳最短时间仅为10s,而最长为277s,群体的平均潜泳时间为28.7s(±SD=32.23)。由此可见,中华白海豚的潜泳时间较短,5~10min以内基本可以确定视野范围是否有中华白海豚存在。

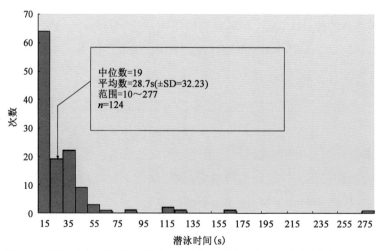

中位数=19
平均数=28.7s(±SD=32.23)
范围=10~277
n=124

图1-4 不同中华白海豚群体的潜泳时间分布(香港特别行政区渔农自然保护署,2013)

1.1.3.2　聚群活动及与渔船关系

中华白海豚经常成群结队地出现,它们彼此之间的联系是松散的、短暂的,会经常不断地变换同伴。这样的社群结构与它们觅食方式有关,因为生活水域中的猎物较为分散,经常要分开觅食,当有较多鱼类聚集时,才会聚合在一起。唯一联系较为紧密的是母豚及其正在哺乳的幼豚,它们时常一起出现,直到幼豚有能力独立捕食时才分开。

中华白海豚活动群体的大小与作业渔船有很大的关系。作业的拖网渔船往往引起中华白海豚的聚集捕食,与渔船有联系的群体往往比自由活动的群体大些。另外,跟随不同作业类型渔船的海豚群体大小也有很大的不同,跟随双拖渔船的群体往往比较大。

1.1.3.3　个体活动范围

莫雅茜 2015 年的研究表明每一头中华白海豚都有自己特别喜欢逗留的地方。根据对 544 头中华白海豚个体的研究,重复目击数 3 次以上的个体平均家域面积为 26.33km²,家域面积最大的为 109.24km²,最小的为 0.03km²。计算得到的家域面积随重复目击数的增加而增大,重复目击数达到 15 次以后增幅变得不明显。重复目击数 15 次以上的个体,平均家域面积为 56.00km²,最大面积 108.70km²,最小面积 20.00km²(图 1-5)。

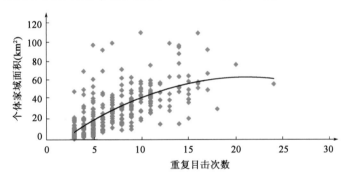

图 1-5　中华白海豚个体家域面积与重复目击数的关系

由此可见,虽然珠江口中华白海豚种群的地理分布区范围超过了 1 800km²(指伶仃洋及其邻近的香港水域等),但海豚个体有一定的活动范围,且仅占其种群分布范围的小部分。有证据显示部分中华白海豚个体之间的活动范围是交叉重叠的,但很少有两个以上个体的活动范围完全重叠,每个个体都有其特定的活动空间。这也表明中华白海豚可能没有专门的排他性"领地",只是根据自己的习惯在某一地方觅食、逗留等。这也可以从它们的结群较为松散的特性得到证实。

中华白海豚的个体活动范围与年龄、性别、生育状态有关。研究发现有斑点青年个体至多斑点成年个体的活动范围的面积要比少斑点成年个体至无斑点成年个体活动范围的面积小。如果对其年龄阶段的判断准确,即有斑点青年个体和多斑点成年个体比少斑点成年个体和无斑点成年个体年轻,则表明年轻的海豚要比年长的海豚的活动范围小。这可能是因为年长海豚的体长和体重比较大而消耗的能量较多,需要较大的活动范围以保证食物供给,并且,它们还需要更大的活动范围以寻求更多的交配机会来保证繁殖的成功。另外,年少的海豚尚未建立好自己的栖息地,经常在种群分布范围内探索,因此在某个地方的停留时间较短,其活动范围较少固定。

中华白海豚的某些特别行为,如跟随渔船捕食等也会影响其活动范围,跟随渔船个体的活动范围要比很少跟随渔船个体的活动范围大。因为跟随渔船更容易捕捉到猎物,中华白海豚活动范围也随之扩大了。多数跟随渔船的目击位置处于该个体活动范围的边缘,表明跟随渔船使海豚移动到其很少使用的水域。白海豚跟随渔船短期内对它是有益的,因为这样提高了捕食的机会。但长远来看,这样的捕食方式是不利的。首先,会增加它被渔船或渔网伤害的风险;其次,白海豚会经常接触到渔网翻起沉积物时释放出来的有毒有害物质。

根据 Hung 等(2004)的研究,大多数中华白海豚的个体活动范围在各个季节变化不大。但一些个体对特定活动范围内的各个区域在枯水期和丰水期的利用情况有所不同,枯水期时活动范围较大,且倾向于向北移动,而在丰水期时则范围缩小很多。但是,这些被研究的中华白海豚个体仅占整个种群数量的小部分,少数个体能否代表整个种群的趋势是值得商榷的;此外,活动范围比较稳定的个体更易被多次目击发现,被研究的机会增大。

1.1.4 我国中华白海豚资源分布

在我国,目前开展中华白海豚种群状况研究较多的水域包括珠江口和厦门九龙江口,以及北部湾的广西钦州三娘湾水域、广东湛江雷州湾水域、江门上下川岛,以及海南西南附近水域。在广东汕头附近海域、福建宁德附近水域也有过中华白海豚的目击记录。厦门水域的种群数量为 50～80 头。

对珠江口水域中华白海豚的资源估算,目前仍处于调查研究和资料搜集阶段,对其进行准确评估仍有一定难度。1996 年,何国民等提出定量评估:"我国水域的中华白海豚的资源数量目前已不及 1 000 头"。2000 年,香港特别行政区渔农自然护理署认为,目前对这个种群大小的可靠估计数字为 1 028 头(见香港中华白海豚护理计划,2000 年 12 月);陈涛等通过分析调查资料得出初步的评估结果,整个调查水域中华白海豚最多时有 937 头(《珠江口中华白海豚初步研究》,2000 年 2 月)。2001 年,王丕烈等评估的数量范围较宽,为 500～1 000 头(《中华白海豚在中国近海分布现状与保护》2001 年 3 月);根据中山大学联合广东珠江口中华白海豚国家级自然保护区管理局于 2011—2018 年间对泛珠江口中华白海豚的资源监测数据,泛珠江口中华白海豚的资源数量在 2 000 头以上。

1.1.4.1 中华白海豚的分布区域和季节变化

中华白海豚喜栖亚热带海区的河口咸淡水交汇水域,在澳大利亚北部,非洲印度洋沿岸,东南亚太平洋沿岸均有分布。中华白海豚在我国主要分布在东南部沿海。据文献记载,中华白海豚分布最北可达长江口,向南延伸至福建、台湾、广东、广西和海南沿岸河口水域,有时也会进入江河。

1.1.4.2　影响中华白海豚分布和活动的主要因素

珠江冲淡水可能是影响中华白海豚在区域内分布移动的一个很重要因素。Jefferson (2000)曾研究在大屿山东北水域中华白海豚的目击率与盐度的关系,发现在该水域22~35盐度范围内,随着盐度的升高,中华白海豚的目击率呈下降趋势。珠江的径流量年平均达3 000亿 m³以上,水量相当充沛,其径流量的周年变化主要受制于集水面的降雨量和汛期的长短,每年4~8月是珠江流域的汛期,每当上游洪水汇入珠江口时,整个伶仃洋水域的海水盐度变得非常淡,内伶仃岛北面水域的盐度降至5以下。这期间中华白海豚的活动区域重心向南移动。9月份以后珠江汛期结束,径流有所减弱,外海高盐水逐渐进入珠江口,伶仃洋东部内伶仃岛至桂山岛一带海水盐度维持在20~28之间,中华白海豚的活动区域重心向北移动。

中华白海豚的活动与渔场鱼汛密切相关。珠江口为广东沿海重要渔场,也是多种经济鱼类的产卵场和幼鱼的育肥场。每年的冬、春季节,珠江口的许多经济鱼类如棘头梅童鱼、凤鲚 (*Coilia mystus*)、银鲳(*Pampus argenteus*)等聚集在伶仃洋产卵,形成鱼汛。这些鱼类都是中华白海豚喜爱的食物,吸引了许多海豚前来觅食,从而在这一带水域形成了中华白海豚活动的密集区。到了夏季,孵化出来的幼鱼随着洪水的来临也逐渐长大,向南部逸散或洄游入海,又在大屿山以西至桂山岛和东澳岛一带形成小鱼汛。该季节中华白海豚的活动密集区也向南移动。中华白海豚的南北转移的时间、地点与这两个鱼汛发生的时间、地点相一致,说明它们的转移活动可能与觅食也有很大的关系。

中华白海豚的活动与渔船也有关系。中华白海豚一个很重要的活动是觅食,而海豚跟随在拖网渔船后面比较容易找到食物,在拖网渔船后面经常可以看到中华白海豚。拖网的网尾及网口通常聚集大量的鱼类,拖网拖过海床时也会激起很多底栖鱼类,经常会看到当拖网渔船下网不久就会有中华白海豚聚集过来。中华白海豚有时追随拖网渔船可以追得很远,直到渔船起网方才罢休。

1.2　中华白海豚行为谱研究

1.2.1　中华白海豚行为谱概述

动物所有行为事件的总和即为行为谱。行为谱对动物的所有成员基本的行为模式进行描述,包括个体、个体之间以及群体的肢体运动以及表情,是作为动物行为的功能分析以及起因分析的基本工具。

到目前为止,较为系统的研究结果来自于瓶鼻海豚、长江江豚(*Neophocaena asiaeorientalis asiaeorientalis*)以及短肢领航鲸(*Globicephala macrorhynchus*)。而对于中华白海豚的行为谱描述较少,主要集中在一些特殊行为事件,例如交配行为、育嗣行为以及声呐行为。完整的行为谱的描述主要受限于行为生态学的研究,同时馆养中华白海豚的数量有限,因此对于行为分析以及不同行为事件、行为状态的描述存在差异。中华白海豚的行为谱包括常见的个体行为以及群体行为,包括社会行为、捕食行为和集群行为等;一些特殊的行为也有相关的报道,例如异亲哺育行为、物品携带行为、船只反应、育嗣行为和应激反应等,但也仅限于图示以及文字描述。

1.2.2 中华白海豚行为研究区域及方法

1.2.2.1 调查区域

珠江口水域为我国东部沿海大河口之一,主要由八个淡水出口组成,是目前全世界最大的中华白海豚种群栖息水域,同时也是全球最繁忙、污染最严重的河口。其地理多样性包括沿岸的泥沙混合区、岛屿的沙石区以及少数的岩礁区。

1.2.2.2 参数定义(群体、亚群体、集群和近邻)

采用距离与行为相结合的方式,对中华白海豚的群体进行定义:在尽可能短的观察时间内,具有相似的行为状态以及稳定群体组成,同时所有不同个体之间存在相互联系,也包括单独个体。对于珠江口的中华白海豚,距离仅作为一个辅助指标,规定平均连锁距离在200m之内的所有个体都属于一个群体;而群体直径距离可能大于200m,一般采用500m的有效观察范围。

1.2.2.3 调查方法

调查路线的设计基于热点水域的路线。在有限的调查量之内,路线较少重复,同时覆盖全部的热点水域。

群体追踪方法采用最小干扰方式:在发现目标动物后,从侧后方以略高于海豚群体游动速度,采取与动物群体移动相同的方向接近海豚,之后维持50~200m的距离进行数据收集。

个体追踪:使用点观察法以及顺序观察法记录野外个体的行为事件,采用照片识别的方式进行行为事件的记录。使用主行为观察法确定不同的行为事件对应的行为状态。使用连续观察法对野外中华白海豚个体的水面以及水下行为进行观察;另外,采用水底以及水面监控录像对馆养个体进行行为观察。本研究观察对象为广东珠江口中华白海豚国家级自然保护区中华白海豚救护中心在2012年3月12日救护的一头雄性老年中华白海豚个体。

群体追踪:在进行群体行为观察时,采用主群体观察确定群体的行为状态;同时,结合不同的应用,采用目标群体顺序观察法以及事件观察法,分别收集动物对船只的反应以及动物的行为事件的相关数据。

盲区还原以及混合方法:采用点观察法对超过观察时间单位的行为状态进行还原;采用主行为观察法对群体行为状态进行还原。采用特殊观察法以及事件观察法对群体的特殊行为事件(包括空中行为、压浪行为以及针对幼豚的接触行为等)进行记录。

采用统一的数据表格进行记录。其中群体信息栏包括记录的起始时间(以分钟为单位)、(亚)群体的数量组成、基于色斑的年龄组成、行为状态以及备注。群体信息主要用于即时观察法的数据记录,并在对应时间点的备注栏上进行个体的持续观察数据的记录;同时也会对动物的群体距离、游动速度、行为模式和对船只反应等进行备注;当动物有效观察时间过短或者无法确定观察单位的时候,对群体进行行为状态的比例评估。

中华白海豚的行为学研究主要通过室内室外影像观察相结合的方法,建立较为完整的中华白海豚行为谱。这有助于明确海豚行为事件与行为状态之间的联系,获取准确的行为模式;此外,不同的行为事件可能具有不同的生物学意义。如珠江口中华白海豚的空中行为主要是不同群体大小在不同渔业活动、不同鱼群状态下的捕食辅助策略;压浪行为多出现在群体较小的紧密群体或者群体松散的部分个体中,而跳跃行为多出现在渔船作业中,可能具有一定的信息增效作用,但两者的主要作用还是捕食的辅助策略。这些研究有助于了解动物行为与资源分布、人类活动干扰以及中华白海豚种群属性之间的动态关系,明确资源选择作用、性别选择作用以及环境压力对珠江口中华白海豚种群生存状态、种群分布及其栖息地选择所产生的影响。

1.2.2.4　中华白海豚的行为谱绘制

利用 Microsoft Visio 2010 进行行为谱的绘制,同时进行区别性描述,并且对不同行为事件可能对应的相关行为状态等进行说明(表1-1)。

中华白海豚的行为状态　　　　　　　　　　　　表1-1

行为状态	描　述
迁移行为	持续的单一方向游行,游动速度较快,一般为10km/h以上;偶尔出现群体的同步跳跃行为以及较为剧烈的出水行为,但是追逐鱼群以及社会行为在迁移过程中较少见
社会行为	两个以上的海豚进行频繁的物理接触或者个体间的同步行为等;与游荡行为不同,社会行为一般伴随着较为频繁的游动方向的改变
游荡行为	海豚在较小面积的固定水域中,进行较温和的非定向游动;海豚的行为较为温和,出水频率较慢,没有明显的呼吸回合之间的差异,持续的时间也较长
休息行为	海豚悬浮于水面,呼吸频率很慢,保持不动或者进行一些简单的漂浮辅助行为,肢体行为较少

行 为 状 态	描　　述
捕食行为	海豚朝一个特定的方向进行持续移动,有时候会伴随其他动作,包括一些非同步的跳跃行为、不规则的呼吸以及出水,动物在追逐或进食鱼类
迁移捕食行为	海豚朝一个方向相对快速前进,或者跟随船只高速前进,游动方向保持不变,同时夹杂一定捕食行为的出现,非同步的跳跃行为也较为常见,偶尔可见一些鱼类在附近。主行为状态中隶属于迁移行为
迁移社会行为	海豚方向保持基本一致,朝一个方向游动,保持较快的游动速度,伴随同步跳跃以及同步呼吸甚至是涉及身体接触以及玩耍等社会行为。主行为状态中隶属于迁移行为
游荡社会行为	海豚游动速度慢,伴有同步转向或者同步呼吸行为,在一个地方进行游荡行为同时伴随着较为温和的社会行为的发生,例如有一定物理接触的重复转向行为。主行为状态中隶属于游荡行为
游荡休息行为	海豚游动速度慢,出现类似自发性的漂浮行为,游动方向无规则,大部分情况下是借助海浪进行移动;中间常出现完全停顿的静止漂浮行为,但是持续时间短,低于10s。主行为状态中隶属于游荡行为
游荡捕食行为	海豚在同一个地方变换游动的方向,游动速度较慢,距离较短,方向变换频繁;没有明显追逐鱼群或者捕食行为的出现,出水回合差异明显,偶尔伴随捕食行为。主行为状态中隶属于游荡行为

1.2.3　中华白海豚行为分析

1.2.3.1　行为谱目录

行为谱的绘制主要在2010—2012年期间进行,在总共141个调查、6 542h航时、13 130km航程中,合计567次遇见3 025头次海豚。

行为谱绘制总共包含8大类,包括:空中行为(2小类12种行为事件)、肢体行为(5小类42种行为事件)、呼吸行为(6种行为事件)、静止行为(4种行为事件)、出入水行为(3小类15种行为事件)、游动行为(3小类22种行为事件)、接触行为(3小类18种行为事件)和阵列行为(3小类15种行为事件)。合计134种行为事件,具体描述如表1-2所示。行为谱按照一级目录、二级目录以及三级目录划分。

中华白海豚行为谱的建立首先有助于明确行为事件与行为状态之间联系,进而在进行栖息地使用分析时,获取准确的行为模式;其次,不同的行为事件可能具有不同的生物学意义,因此将针对空中行为、接触行为的意义进行分析。

珠江口中华白海豚行为谱　　　　　　　　　　　　　　　　　表1-2

1级目录	2级目录	图　示	说　明
		空中行为	
跳跃	一般跳跃	1　2　3　4	多出现于游动行为与捕食行为中,尤其是尾随渔船的过程
	垂直跳跃	1　2　3　4　5	多出现于捕食行为高峰期,较少见于小群体
	侧面跳跃	1　2　3　4	多出现在游动捕食过程中
	反面跳跃	1　2　3　4	常出现于游荡捕食以及游荡社会行为中
	旋转跳跃	1　2　3　4　5	较少出现,多发生在年轻个体的游动过程中
	弯曲跳跃	1　2　3　4	有明显的空中停顿以及蜷缩
	弯曲侧面跳跃	1　2　3　4	与侧面跳跃不同,身体出现明显的蜷缩或者弯曲
	冲浪跳跃	1　2　3　4	多出现在游动过程中,有较大浪涌的水域
压浪	压浪	1　2　3　4	小群体捕食过程中,驱赶鱼群时出现
	后压浪	1　2　3　4	小群体捕食过程中,驱赶鱼群时出现,也偶尔出现在社会行为中
	前压浪	1　2　3　4	小群体捕食过程中,驱赶鱼群时出现

1 级目录	2 级目录	图　示	说　明
压浪	侧压浪	1　　2　　3　　4	与压浪不同,只是背鳍以上、头部附近部位露出水面
肢体行为			
头部行为	侧视	1　　　　2	个体于水下倾斜头部,观察附近事物
	仰视	1　　　　2	个体通过略微抬高头部并且倾斜,进行类似"观察"的行为
	露面	1　　2　　3	与前压浪不同,该行为较为柔和,同时附带行为没有明显的捕食趋势
	抬头	1　　　　2	出现于个体对调查船只或者周边事物的反应,与仰视不同,没有明显倾斜
	张嘴	1　　　　2	捕食过程中的吞咽或者追逐刚刚逃脱的鱼
	撕咬	1　　　　2	馆养海豚中的被动捕食行为。野外海豚采用加速或者转向追逐的方式
	撕咬鱼类	1　　2　　3	通过头部的左右扭动对较大的鱼进行撕咬
	后退	1　　　　2	捕食行为过程中的减速
	前冲	1　　2　　3	加速过渡行为

1级目录	2级目录	图　示	说　明
		肢体行为	
头部行为	转头		类似于观察周边的情况。也有报道认为是摆脱寄生虫
	扫视	1　2　3	个体直接露出头部以上部位然后垂直下沉,可重复出现
	探测	1　2　3	水下行为。搜索鱼的行为或者一种搜索行为,左右扭动头部
	摇头	1　2　3	与探测不同的是,上下扭动头部,可能是搜索行为
尾部行为	尾部击打	1　2　3	多出现于追踪过程中的深潜水行为前
	尾部方向击打	1　2　3	捕食行为或者社会行为中,背向使用尾部进行拍打的行为
	尾部持续击打	1　2　3　4	可能是一种水下的追逐鱼饵的行为
	减速	1　2　3	海豚使用尾部的摆动进行减速
	公旋转	1　2　3	可能是进行鱼的追逐,出现类似于倒立的行为,同时肢体出现明显翻转

1 级目录	2 级目录	图　　　示	说　　　明
		肢体行为	
尾部行为	尾部抬起	1　　　2　　　3	常出现于游荡行为或者休息行为中
	自旋转	1　　2　　3　　4	与公旋转类似,但是倒立程度较低,翻转程度也较低
	尾部抬起		尾部抬起时出现尾部边缘的向上扬起。多见于社会行为中的水面行为
	尾部加速	1　　2　　3　　4	海豚使用尾部用力进行加速。常见于静止或者休息行为之后的突然性行为转换
	尾部入水	1　　　　2	多出现在游荡行为或者休息行为之后的过渡行为。海豚在几乎静止的情况下,慢慢加速潜入水中,进而抬高尾部
	尾部出水		与击打不同,该行为是温和的表面行为,原地将尾部露出水面
	尾部方向出水		没有明显的拍浪行为,尾部抬起后没有明显的水花
	倒立		可能是底物搜索行为的另外一种模式

1 级目录	2 级目录	图　　示	说　　明
		肢体行为	
背鳍行为	背鳍击水	1　　　　2　　　　3	使用背鳍进行表面拍浪行为。多出现于社会行为中
	胸鳍击水	1　　　　2　　　　3	使用胸鳍进行表面拍浪行为。多出现于社会行为中
	胸鳍划水	1　　　　2　　　　3	胸鳍伸展进行划水。多出现于休息行为或者游荡行为过程中
	胸鳍反向划水		腹部朝上，多出现于社会行为，尤其是交配行为中
	胸鳍拍掌		可能是另外一种头部行为。胸鳍伴随向头部下方靠拢的动作
	胸鳍方向拍掌	1　　　　2　　　　3	类似于腹部朝上的"鼓掌"行为，属于温和的社会行为
蜷缩行为	尾部蜷缩	1　　　　　　2	多出现在捕食行为以及社会行为的中断、转折过程中，也就是发生行为变化或者转向的时候
	背部蜷缩	1　　　　　　2	行为转换时的过渡行为

1 级目录	2 级目录	图　示	说　明
肢体行为			
蜷缩行为	侧面蜷缩	1　　　　2	常见于捕食行为中的转向追逐鱼或者社会行为中的互动
	垂直蜷缩	1　　2　　3	减速并且保持在原地的行为,只出现在馆养海豚中
	头部蜷缩	1　2　3　4	进行吞咽或者与其他动物进行社会行为
	伸展	1　　　　2	休息行为或者游荡行为过程中的过渡行为
混合行为	勃起		阴茎伸出行为
	排泄		排泄过程
	游走	1　　2　　3　　4	发生在较为安静的水面,属于较为温和的游动行为
	水下捕食		使用旋转的行为对底部鱼类进行捕食
呼吸行为			
呼吸行为	无水汽静音呼吸		没有声音以及水汽的呼吸行为
	带水汽呼吸		呼吸行为中伴随可视水汽

续上表

1级目录	2级目录	图　示	说　明
呼吸行为			
呼吸行为	大声呼吸		呼吸行为中伴随水汽,同时出现较为明显的呼吸声
	尖叫呼吸		伴随有尖锐声音的呼吸行为
	无水汽呼吸		可见水汽,但是并不明显
	冒泡呼吸		呼吸前出现明显的水泡
静止行为			
静止行为	上浮		使用尾部保持漂浮状态
	方向漂浮		上浮行为的腹部朝上的模式
	悬浮		类似漂浮行为
	漂浮		动物保持不动随着浪涌进行漂浮,本身没有任何多余的辅助行为
出入水行为			
出水行为	一般出水	1　2　3　4	表面呼吸行为
	蜷缩出水	1　2　3　4	呼吸行为之后的转向潜水的过渡行为

续上表

1 级目录	2 级目录	图　示	说　明
出入水行为			
出水行为	垂直出水		自下而上的出水行为。可能是垂直跳跃的另外一种形式
	出水		类似扫视行为,但是停顿时间较短
	漂浮出水		浮出水面的行为
浮起行为	一般潜水	1　2　3　4	尾部露出的行为较为突然,同时潜水时间非常短
	下沉潜水		沉入水下的行为
	前冲潜水	1　2　3　4	呼吸行为之后的潜水行为,尾部明显露出
潜水行为	侧面潜水	1　2　3　4	呼吸行为之后的突然加速行为
	蜷缩潜水	1　2　3　4	呼吸行为后,伴随一定时间的滑行后,进行潜水行为
	跳跃潜水		原地的身体蜷缩的跳跃行为

1级目录	2级目录	图 示	说 明
		出入水行为	
潜水行为	原地潜水		呼吸行为之后的原地潜水行为
	背部深潜		海豚在表面进行呼吸或者漂浮后向下潜水。与原地潜水不同,背部深潜之前多出现漂浮或者呼吸行为
	尾部深潜	1 2 3 4	海豚呼吸之后头部潜入水中后,尾部呈现接近垂直的状态
	加速潜水		海豚呼吸时候迅速潜入水中
		游动行为	
表面游动	抬头游动	1 2 3 4	头部朝上向前移动,持续时间较长,身体保持一定的倾斜角度
	摇摆游动	1 2 3 4	交替的上浮下沉行为。频率较快,呼吸行为较为少见
	侧面游动	1 2 3 4	呼吸之后伴随滑行的漂浮行为
	滑行	1 2 3 4	类似于使用背鳍的冲浪行为,并且以呼吸行为和突然的下潜行为结束
	背鳍滑行	1 2 3 4	非呼吸行为。类似于鲨鱼露出背鳍的滑行行为。可能是滑行的另外一种形式
	背部游动	1 2 3 4	腹部朝上的游动行为。多出现在社会行为中

续上表

1级目录	2级目录	图　　示	说　　明
		游动行为	
表面游动	随船	1　2　3　4	利用船只前进产生的浪涌进行借力游动
	前压	1　2　3　4	游动过程中的背部压浪行为。多出现在社会行为或者压浪行为中，也可能是前压浪的另外一种形式
	豚跃	1　2　3　4	持续时间较短的跳跃行为
	冲浪	1　2　3　4	随着浪涌进行跳跃行为
	随浪	1　2　3　4	海豚随着海浪游动，本身没有太多的游动行为
水下行为	侧面游动	1　2　3　4	侧面游动
	倚靠		深潜，以背部靠近水底
	翻滚		基于原地或者是较小幅度的旋转
	摩擦背部游动		海豚游到底部使用背鳍摩擦
	摩擦尾部游动		海豚游到底部使用尾部附近位置摩擦

续上表

1 级目录	2 级目录	图　　示	说　　明
游动行为			
水下行为	旋转游动		海豚水下的旋转游动行为
混合行为	后退		海豚面向墙壁或者船只时的后退游动行为
	急转	1　　2　　3　　4	一种闪躲行为
	拍浪		使用尾部进行持续的拍浪行为
	转圈		与急转不同,转圈是原地转圈360°以上
	转弯		出现于追逐猎物或者避开渔船时的突然转向行为
接触行为			
接触行为	前肢接触		社会行为中的接触行为。一个个体侧向使用背鳍摩擦另外一个个体的背鳍或者附近部位
	喙部接触		社会行为中的接触行为。一个个体使用喙部对另外一个个体的腹部附近位置进行冲顶的行为
	喙部叠加		社会行为中,相互尾随的个体之间的紧密接触,多出现在游荡社会行为过程中的追逐行为

1级目录	2级目录	图　示	说　明
		接触行为	
接触行为	头部叠加		社会行为中的侧压浪
	空中接触		社会行为中的剧烈行为。可能是某种空中同步行为的另外一种展示方式
	交配行为	1　2　3	雄性阴茎勃起并伸出腹腔,雌性有配合行为
哺育行为	哺乳行为	1　2　3	幼豚自下而上的哺乳行为
	并列支撑	1　2　3	成年海豚靠近幼豚,使用胸鳍一侧附近部位维持幼豚的正常体位
	头部支撑	1　2　3	成年海豚通过头部附近部位维持幼豚的正常体位
	背部支撑	1　2　3	成年海豚使用背鳍附近部位维持幼豚的正常体位
	个体隔离	母豚　→　母豚	成年海豚用自身体位隔离幼豚,使其不与其他成年海豚过分靠近
	船只隔离	→	成年海豚用自身体位隔离幼豚,使其不与船只过分靠近

1级目录	2级目录	图　示	说　明
接触行为			
哺育行为	强制隔离		多发生在母豚的保护应激行为中，只针对幼豚
侵略行为	夹击行为	1　　　　2　　　　3	两个成年海豚将幼豚夹在中间保持幼豚的正常体位，接触不紧密
	冲撞行为	母豚　　母豚　　　母豚	多发生在侵略行为中，针对幼豚以及母豚
	头部顶击行为	1　　　　2　　　　3	成年海豚使用头部附近部位将幼豚顶起至空中或者半空
	尾部顶击行为	1　　　　2　　　　3	成年海豚使用尾柄将幼豚抛起的行为。多出现于背部支撑行为失败之后
	喙部顶击行为	1　　　　2　　　　3	成年海豚使用喙部自下而上将幼豚顶起的行为
阵列行为			
同步行为	同步跳跃		多个个体的同步跳跃行为，较为常见于游荡社会行为或者游荡行为过程中的近邻亚群体
	同步呼吸		常见于游荡相关行为过程中的近邻亚群体之间的互动
	同步冲浪		浪涌较大过程中的同步行为。虽然没有明显的物理接触，但是仍然作为接触行为中的一种

1级目录	2级目录	图　示	说　明
		阵列行为	
阵列行为	圆桌阵列	鱼群	多见于针对鱼群的集体捕食行为
	箭头阵列		多见于群体出现游动方向改变时的阵列变化，或者是集体捕食行为前的搜索行为；由成年个体领导进行方向的决定，其他个体尾随其后
	线形阵列		迁移过程或者是迁移捕食过程中出现
	并列阵列		多见于亚群体的类似的顺序出水过程，尤其是关系较为亲密的个体之间，例如母子对或者近邻个体，可能具有一定社会意义
	外弧圈阵列		多出现于群体捕食行为中捕食过程之后的阵型重整
	内弧圈阵列		多出现于群体捕食行为中搜索行为之后的捕食过程

续上表

1级目录	2级目录	图 示	说 明
		阵列行为	
阵列行为	横向阵列		多出现于迁移过程或者游动捕食过程中的搜索行为
	梯形阵列		可能的群体领导位于队形最前面，其他个体尾随两翼。多出现于对鱼的搜索过程
	菱形阵列		行为主体多位于中间，尤其是幼豚，单独的或者多个成年个体位于前面
	分散阵列		海豚散布于周围，多出现于较大规模的主动捕食行为中
母子对阵列	并列体位		母子并列，一同前进
	哺乳体位		母豚靠近水面，幼豚在母豚下方

1.2.3.2 空中行为

对珠江口中华白海豚空中行为的分析,主要针对较为常见的跳跃行为以及压浪行为,其中前者经常出现于大型的聚集群体或者尾随渔船的群体,后者多出现于较小规模的捕食,包括单独个体。但是两种行为在动物进行社会行为以及捕食行为的时候均频繁出现。因此,将对这两种空中行为进行功能学的分析,以解释它们在社会行为、捕食行为中的可能作用。

1.2.3.3 肢体行为

肢体行为从行为的持续性以及连贯性上可以视为其他行为的组成部分。但是尚不能确定这些行为在特定的行为状态中的作用,或者与动物的社会展示作用有何关系。肢体行为在中华白海豚的行为观察中常作为一种行为状态的辅助判断,例如缓慢的肢体行为可作为动物休息时的提示,而深潜、撕咬等行为则是动物进行捕食行为的提示。头部行为多出现在社会行为以及动物的好奇行为中;而尾部行为多出现在捕食过程中;伸展行为多数为过渡行为,一般出现在行为转化的时候,例如休息或者游荡行为之后的过渡行为。之所以与空中行为、出入水行为分开,在于肢体行为有更长的持续时间,动作停顿时间较长。

1.2.3.4 呼吸行为

呼吸行为的应用主要在呼吸频率以及呼吸模式方面。在2012年3月搁浅海豚的救护中,针对不同的水下噪声与呼吸频率之间的关系,调整了水质处理系统的工作模式。同时,呼吸行为,尤其是呼吸间隔以及呼吸模式也应用于后期行为观察方法以及捕食策略的研究,例如扫描观察法以及顺序观察法的取样间隔以及自相关性检测,主要是取决于平均呼吸频率以及最高呼吸频率;另外,捕食策略中的主动捕食策略(渔船引起的捕食方式为机遇型或者被动性捕食策略)则多使用固定的呼吸模式。

1.2.3.5 静止行为

静止行为在中华白海豚中较为少见,主要出现在交通密度较低、人类活动较少的水域,同时多伴随游荡行为。这一点可能与动物对于人类活动干扰的高度敏感性有关。而不同水域的海豚,对于人类活动的敏感度可能存在不同,主要表现为照片识别过程中的动物配合度差异。在后续的研究中,针对不同地理社群(不同的交通密度以及船只影响)进行行为链分析,以解释可能的敏感度差异,进而分析动物可能存在的耐受性差异。

1.2.3.6 出入水行为

出入水行为与呼吸行为的不同在于行为事件发生的顺序上,出入水行为在日常行为观察中多作为动物行为状态的辅助判断,同时也适用于对动物群体行为进行整体性评估。

出入水行为的三级目录之间的分类是所有行为中最为模糊的,主要根据出水部位、出水的速度与角度、入水的部位、入水的速度与角度等进行划分,因此可能出现重叠。

出水行为有助于判断动物的行为回合,也有助于对动物的后续行为进行预先判断;而潜水行为则更多地应用于捕食策略的判断上。

1.2.3.7　游动行为

中华白海豚水面游动行为与其他海豚没有明显差异,可能涉及多种不同的行为状态。水下游动行为可能与动物的捕食策略有关,而馆养动物的水下行为,可能与动物对于陌生环境的适应相关。研究人员对一头馆养的中华白海豚进行观察,也发现了水下的旋转以及旋转游动行为,包括获取饲养池底部的食物、扫描饲养池环境等。

1.2.3.8　接触行为

接触行为涉及不同个体间相同或者不同身体部位的接触,可能涉及动物社会结构、动物行为等社会学内容。接触行为的观察对水质要求较高。受珠江口水体浑浊度较高的影响,在进行珠江口中华白海豚的接触行为观察时,仅限于针对幼豚的抚育行为以及侵略行为,也包括其他个体之间的一般接触行为以及同步行为。其中,针对幼豚的接触行为包括育嗣行为和侵略行为。严格意义上的哺乳行为没有直接观察到,只是通过母幼对体位进行判断,结合海豚以及江豚的哺乳行为进行绘制。而对于抚育行为以及侵略行为的判断主要基于野外案例的验证。

1.2.3.9　阵列行为

阵列行为主要是基于人为观察和描述,而动物本身是否有意识地采用阵列行为还值得探讨。

阵列行为可能与动物的交流方式、捕食策略、运动能量,甚至是社会结构等有关。阵列行为与空中行为一样,可能存在社会关系假说以及捕食策略假说:大规模的阵列行为更经常出现在捕食行为中;而小型规模群体的阵列行为可能具有特殊的生物学意义,例如母幼对的并列体位可能与对幼豚的保护行为相关,而同步行为可能具有一定的社会意义。

1.3　中华白海豚行为学特征

鲸豚类的行为学特征主要通过野外调查以及室内圈养个体观察获得,也可以是在不同的环境下,通过对不同个体以及群体的行为观察给予总体描述。与其他小型鲸豚类的行为特征相比,中华白海豚的行为特征的种类偏少,主要由于其行为信息较少,人工饲养个体也较少,因此可获取的观察数据有限,尤其是其水下行为。

1.3.1　对海洋工程建设的响应行为

海洋工程建设对中华白海豚行为的影响是一个累积过程,其影响因素包括往来船只、施工噪声、水下工程作业和施工对海洋生态环境的影响等多种因素。目前珠江口中华白海豚种群间因地理环境以及人类活动所致密度各不相同,因而环境压力对种群行为的影响及对社会关系的影响还需要长期的跟踪分析。

海洋工程建设对中华白海豚的影响可能主要体现在:①呼吸模式改变:包括同步呼吸频率增加、延长呼吸间隔、提高游动速度、改变游动方向等;②行为模式改变:包括行为事件增加、改变等;③声学干扰:Foote 通过分析捕鲸船与虎鲸群体声学变化,揭示了虎鲸通过延长发声间隔弥补人为噪声造成的声学交流干扰,而 Van Parijs 对澳大利亚中华白海豚与海洋交通之间相互影响的研究结果表明,滴答声阵列和爆裂脉冲串信号在频度上没有差异,但是哨叫声明显增加(尤其是船只距离在 1.5km 以内),且母幼对哨叫声频度增加高于非母子对。这点也揭示了海洋噪声对于中华白海豚集群的影响,尤其是对于母幼对行为的影响。但是船只可能造成的短期以及长期影响,尤其是对于中华白海豚等鲸豚类生物学及生态学方面的影响还有待进一步研究。④摄食行为改变:非渔船增加了捕食行为的重现时间,中华白海豚通过减少迁移行为的等待时间,补偿减轻非渔船的影响;而渔船则相反,中华白海豚通过选择性地跟随渔船,增加捕食行为的比例(减少捕食行为的重现时间)以获取能量。但是海洋交通对于中华白海豚的共同影响体现在非摄食行为重现时间的增加,即可能产生调整其社会功能行为的影响。

通过对中华白海豚行为特征的分析,显示了海洋工程(包括海洋交通)对其行为的干扰,导致其捕食策略的调整,也反映了目前衰减的渔业资源会引起动物行为适应变化:中华白海豚需要在捕食风险与能量需求之间作出权衡,进而形成不同的捕食策略。如何减少人类活动的干扰、提高鱼类资源的储量和调整栖息地保护范围已经成为未来中华白海豚保育的重点。

1.3.2 对船只的规避行为

船只对于中华白海豚行为的影响根据船只类型、船只数量、船只距离等存在一定差异,不同船只的影响可能各不相同。这种差异主要来自于不同类型的船只对于中华白海豚的直接影响作用:渔船附带的食物吸引以及非渔船带来的噪声排斥。同时在研究过程中的船只接触中,除了调查船只属于控制性的被动接触外,渔船以及非渔船都属于动物主动性接触(包括吸引作用以及排斥作用)。接触后以及接触过程中的中华白海豚的行为变化与船只类型相关。珠江口中华白海豚的船只反应分析显示,中华白海豚与不同类型船只接触过程中或接触后的行为变化均存在显著性差异:非渔船对中华白海豚的社会行为产生干扰,而渔船则是显著提高动物的捕食行为比例。

渔船及其他海洋运输船只的影响研究较少,主要是由于这些船只在研究区域与相关的研究物种之间的接触时间较短,同时,不同类型的渔船以及渔船不同的作业方式也同样影响到鲸豚类的行为。但是有关研究主要集中在短期反应上,包括对于栖息地的使用以及声学补偿,比如意大利水域的瓶鼻海豚通过对摩托艇的回避以及通过使用声学行为进行噪声补偿。

渔船对中华白海豚的吸引力也体现了捕食行为的重要性,同时也反映了目前食物获取的有限性,尤其是随着近几年生物资源以及多样性的下降,有限的食物资源也迫使中华白海豚通过追随渔船以获取足够的食物,这点与其他近岸型海豚相像。而非渔船则加快了中华白海豚迁移行为的等待时间,同时延长了向其他行为转化的等待时间,并延长了社会行为以及休息行为的等待时间。

中华白海豚受非渔船的影响主要体现在船只速度与船只噪声方面,随着渔业资源短缺,航道交通可能带来的食物竞争减少并形成天然的捕食屏障,中华白海豚可以通过调整捕食策略,在较高的捕食风险下获取足够的食物。而非渔船的行为模式也体现出这种可能的捕食策略调整:通过在一定距离内的捕食行为以及回避行为,同时降低社会行为、休息行为以及游荡行为之间的转化。商业船只的影响主要表现为渔船以及非渔船的影响差异:渔船提高了捕食行为比例,而降低其他行为的比例;非渔船则提高了迁移行为的比例,其他行为比例降低的趋势也大于渔船。

因此渔船对中华白海豚的影响主要体现为减少捕食行为的等待时间,增加其他行为的等待时间,表现为捕食吸引;非渔船则延长了其他行为向社会行为、休息行为和游荡行为的等待时间,表现为社会干扰。

1.3.3　捕食行为

捕食行为表现为海豚朝一个特定的方向进行持续移动,有时候会伴随其他动作,包括一些非同步的跳跃行为、不规则的呼吸以及出水、追逐鱼类或者偶尔进食鱼类。中华白海豚的空中行为主要是指大部分或者全部肢体离开水面的行为,而小面积露出水面的行为主要为水面行为以及潜水行为。空中行为包括压浪行为和跳跃行为,多数情况属于捕食相关行为。其中,压浪行为可以作为一种典型的捕食特征行为,而跳跃行为大多数发生在捕食区间尤其是尾随渔船进行捕食的过程中。Norris 等认为空中行为的频率与群体大小应该成正比,空中行为有助于动物进行捕食。同时在捕食前后,空中行为的频率也应有所增加,主要是为了建立并巩固社会关系。在珠江口中华白海豚空中行为的研究中主要针对较为常见的跳跃行为以及压浪行为,其中前者经常出现在大型群体或者尾随渔船的群体,后者则多出现在更小规模的捕食,包括单独个体。一般认为空中捕食过程分为捕食前、捕食中、捕食后以及非捕食过程。主要根据实际观察过程中的前后顺序:如果空中行为发生在捕食过程中,称为捕食中;如果空中行为发生在紧随捕食行为之后的过程,则称为捕食后;如果发生在捕食行为开始前,称为捕食前;空中行为的观察过程中没有任何捕食行为的发生,同时行为状态之间界限清晰,此时称为非捕食。

跳跃行为多发生在捕食间,即在进行捕食前后的间隙,因此,跳跃行为可能起到捕食过程中的个体展示及信息辅助的作用。一般跳跃行为多出现于游动行为与捕食行为中,尤其在尾随渔船的过程中。垂直跳跃多出现于捕食行为高峰期,较少见于小群体。侧面跳跃多出现在游动捕食过程中,可能具有一定的个体展示作用。反面跳跃常出现于游动捕食以及游荡社会行为中。旋转跳跃较少出现,多发生在年轻个体的游动过程中。侧面弯曲跳跃与侧面跳跃不同,前者表现为身体出现明显的蜷缩或者弯曲现象。冲浪跳跃多出现在游动过程有较大浪涌的水域。

压浪行为大多数情况下为个体行为,且多出现于离岸距离较近的水域,因此可能是一种捕食策略,根据鱼群的种类进行驱赶,然后利用鱼群的行为特点进行捕食,而与船只没有关系。压浪多出现于小群体捕食时驱赶鱼群的过程。侧压浪与压浪行为不同,前者只有背鳍以上、头部附近部位露出水面。

研究显示,中华白海豚的捕食行为受其本身行为的影响大于其他行为向捕食行为的转化。而其他行为,包括社会行为、迁移行为以及休息行为则相反,其他行为的转化将提高目标行为的比例。这些内容提示中华白海豚的捕食策略可能是机遇型捕食,在非捕食行为过程中,通过随机的搜索食物分布,进行短暂的捕食过程。而社会行为以及休息行为的高敏感度提示中华白海豚对栖息地具有选择性:通过调整捕食策略在不同的栖息地进行食物搜索,而在食物需求得到满足之后,在人类活动较少的区域进行社会行为以及休息行为。

捕食行为与船只类型(渔业活动)的正相关性提示:中华白海豚的饵料分布可能为非集群鱼类,同时人类渔业活动所带来的食物富集,也影响了其捕食行为。这种捕食模式更接近于机遇型捕食模式,这一点在群体大小的比较上得到验证:首先,不同类型船只会影响到捕食行为的比例;其次,鱼群存在的情况下(包括渔业活动所伴随的被动鱼群的形成),中华白海豚群体的大小要高于没有鱼群存在的情况。

这点可能与珠江口的集群鱼类的季节性迁徙相关,因此中华白海豚在食性选择上可以根据不同季节的食物分布,采取对应的捕食策略;同时也可以根据人类活动引起的食物富集而采用机遇型捕食方式。而这种行为适应,也提示目前渔业资源的下降,改变了动物本身的行为策略:通过权衡人类行为带来的干扰风险和食物收益,采取对应的捕食策略。

1.3.4 迁移行为

对于中华白海豚的迁移行为,可将其描述为:持续的单一方向的游行,游动的速度较快,一般为10km/h以上;偶尔出现群体的同步跳跃行为以及较为剧烈的出水行为,但是追逐鱼群以及社会行为在迁移过程中较少见。

许多哺乳动物的研究表明,动物栖息地的位置与范围会随着季节改变,这主要是由于食物供给量的变化引起的。在雨季(丰水期),珠江口水域由于陆源冲积物的大量补充使营养盐变得十分丰富,初级生产力明显提高,鱼类的种类和生物量也明显增加,中华白海豚的食物来源变得十分充裕;而在旱季(枯水期),陆源营养盐的补充减少,初级生产力下降,水域生物的种类和生物量下降,而且越往外水体盐度越高且生物量趋低,中华白海豚的食物来源就相对匮乏。这样就容易理解一些中华白海豚,特别栖息在咸淡水交换比较剧烈水域的个体,在枯水季节调整其活动范围,且趋向北面迁移的现象。

而一些中华白海豚个体特定活动范围在不同的年份有明显的变化,有的海豚在不同年份会从一处栖息地迁移到另一栖息地,其原因不明,可能与它的健康状况及社群关系有关。例如一头编号 EL07 的海豚,1997 年以前只在大屿山东水域出现,身上有明显的伤痕且附着硅藻和真菌,大屿山北水域频密进行调查时也未曾见到它的踪迹,但是 1998 年以后它只出现在大屿山北水域,大屿山东水域再也没有它的踪影,此时它身上的伤痕消失,看上去很健康。也许是它在一次争斗中受了伤,便逃离中华白海豚的主要分布区独自养伤。另外,据推测一些中华白海豚个体的迁移与人类活动的干扰有关,如往来船只的增加、大型海洋工程的施工等,但进行永久性迁移的只是小部分的中华白海豚,与其他遭遇类似情况的哺乳类动物一样,当干扰消失或减少后多数中华白海豚还会迁回原来的栖息地。

1.3.5　社会行为

中华白海豚的社会行为表现为两头以上海豚进行频繁的物理接触、个体间的同步行为等;与游动行为不同,社会行为一般伴随着较为频繁的游动方向的改变。

社会行为与雄性激素高峰期和幼豚出生高峰期的高度重叠显示,珠江口中华白海豚的社会行为模式与其繁殖周期相关。

雌性没有典型的繁殖周期,这一点与馆养海豚的研究结果一致。雌雄不同的繁殖周期以及与社会行为的高度重叠,或许与不同性别的繁殖策略有关:较长的雄性繁殖周期有助于更大程度地提高交配机会,从而提高自身的内在适应度;而这种较长的雄性繁殖周期也可能是因为雌性的无繁殖周期所引起的。雄性的侵略行为可能是雄性搜索可育雌性的侵略行为的副产物,而较长的雄性繁殖周期也有助于雄性对雌性动物进行控制。

1.3.6　育嗣行为

中华白海豚与其他海豚的哺育行为类似:鲸豚类一般由雌性个体承担幼豚的哺育,因此,母幼豚之间的亲密关系也会刺激母豚对幼豚给予帮助,即使是死亡的幼豚。中华白海豚针对幼豚的接触行为,包括哺育行为以及侵略行为,也反映了不同性别在提高自身个体适应度上的不同策略。因此,针对幼豚的接触行为在某种程度上反映了整个生物群体的社会网络在性别选择作用上的差异。育嗣行为包括对受伤个体的援助行为以及对幼豚的哺育行为。哺育行为主要包括常见的携带幼豚以及幼豚尸体等相关行为;而援助行为主要针对受伤或者死亡个体,尤其是成年个体的援助行为经常出现在群居性的鲸豚中。

哺育行为实际上是雌性海豚提高自身适应度的一种表现。无论异亲哺育存在与否,幼豚的出现,都影响到短期的社会网络结构,包括恋地性的增强以及哺育个体间的群体稳定性。这种哺育水域或者哺育群体在鲸豚类中也较为常见。中华白海豚雌性个体更倾向于组成临时的哺育群体。类似的临时哺育群体在其他海豚中也有报道，而这种哺育群体可以降低捕食风险、提高捕食概率以及提高幼豚的成活率等。

一般认为，鲸豚类的育嗣行为具有适应性意义，主要是因为大部分的鲸豚类是群居性动物，对于具有高度社会性、群居性的中华白海豚，更可以获得群体互利行为的支持，因此鲸豚类的育嗣行为可能是社会行为的一种进化形式。但是，也有研究者认为这种行为，尤其是携带死亡幼豚的行为，是一种误导或者反适应性意义的行为，认为育嗣行为可能不具有适应性意义或是适应性反应的误用，并将这种行为解释为母豚刺激幼豚从而获取幼豚身体状况的信息。因此某些侵略行为可能也只是哺育行为的衍生形式，或者是母豚针对幼豚的一种惩罚行为的误用。

中华白海豚的哺育行为可能也跟哺育经验有关，而对于死亡幼豚的长时间支撑行为可能是因为年轻母豚的哺育经验不够，无法从支撑行为中获取幼豚的身体状况，或者无法通过使用刺激行为获取幼豚的相关信息。而这种缺陷往往可以通过哺育群体间相互补充而得到弥补，从而提高幼豚的成活率。

第2章　中华白海豚声学特性和声学保护研究现状

2.1　齿鲸类动物声音的分类

齿鲸类动物具有强大的声呐探测和声通信本领。中华白海豚能够发出各种各样的声信号,多样的声信号构成了一个庞大的声音库。该声音库大体上可以分成以下两大类(图2-1):①脉冲信号,②哨叫声。

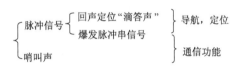

图2-1　齿鲸类动物的声音库

2.2　驼背豚属哨叫声概述

哨叫声是窄带调频纯音信号,通常具有谐波成分。哨叫声持续时间一般在几百毫秒到几秒之间,大多数哨叫声的基本频率范围为 2~30kHz 之间。哨叫声是海豚之间进行通信的信号,海豚借此相互交流信息以及在群体合作时协调步调。

在本研究之前,针对驼背豚属海豚的哨叫声已有一部分研究。但是上述研究中,哨叫声的基本声学参数指标较少,且数据不完整;此外,受记录仪器物理性能限制,所记录的声信号在频率范围覆盖程度上不完整。

由于海豚群体间可能存在一定的地理差异,因此针对某一水域海豚的声学研究结果,不一定能代表该物种在其他海域的声学特征,比如香港、雷州湾水域中华白海豚哨叫声的结构特征,不一定与北部湾水域同种海豚哨叫声完全相同。

已有的研究表明,船舶交通对当地定居鲸类动物可能产生一定的负面影响,其中包括对其行为的干扰,更甚是对动物直接致伤或致死。对物种特异性的声信号的研究能为进一步揭示对目标动物的潜在致危因子提供参考,例如水体噪声污染以及人类活动干扰等。为了更好地保护当地的中华白海豚种群,其基本声学特性亟待揭晓。

本研究中,采用宽带录音设备对野生中华白海豚的哨叫声进行了记录,并对其基本声学参数进行统计描述。通过与其他水域的驼背豚属的哨叫声进行对比,进一步研究了驼背豚属哨叫声的种内和种间差异性。

2.3 中华白海豚哨叫声研究方法

2.3.1 数据收集

2011 年 4 月 27 日至 12 月 21 日,野外录音时间共计 13 天。录音地点为广西三娘湾 ($21°32' - 21°37'N$;$108°42' - 108°56'E$)。在该水域,当地政府开展了一定规模的观豚旅游业。野外录音采用一艘长 6.8m 的观豚船进行,该船由 29.4kW(40 马力)的外置发动机驱动。野外考察在蒲福海况小于 3 的天气条件下进行。实验的考察路线为随机选定的,而不是预先设定的截线抽样路线。

当目击到海豚群体时,会将考察船停在海豚附近或者它们游动方向的前方。为了降低船舶噪声的影响,在录音之前,会将考察船的发动机关闭并将水听器放入水下 1m 的深度。在通常情况下,考察船会尝试靠近海豚群,如果海豚群在慢速或中速移动,会尽量使考察船与海豚群的间隔距离小于 50m。如果海豚群在快速移动,会将考察船以较快的速度走外弧路径开到预测到的它们的行径路线的前方,然后关闭发动机,等待海豚慢慢游过水听器。为了保证能够记录到较高信噪比的白海豚哨叫声,当所有的动物都远离考察船大于 100m 时,当前的录音结束。将重新调整考察船的位置,并尽量重新靠近海豚群。

2.3.2 录音系统

本研究采用了两套录音系统。2011 年 4 月之前使用第一套录音系统,其他的时间,采用第二套录音系统。第一套录音系统由一个 OKI 水听器(型号:ST1020,OKI Electric Industry CO., LTD.,Tokyo,Japan;灵敏度: -180dB(参考声压 1μPa,参考电压 1V)在 1m 处;频率响应范围:上限达到 150kHz,误差范围 $-12 \sim 3$dB)、一台 OKI 水下声级计(型号:SW1020;OKI Electric Industry CO., LTD.,Tokyo,Japan)以及一个便携式 4 通道索尼数字录音磁带记录仪(型号:PCHB244;SONY,Tokyo,Japan;在双倍磁带读写速度时,采样率高达 384kHz;频率响应范围:0 ~ 147kHz,误差范围 ±3dB)。第二套录音系统由一个 CRT 水听器(型号:C55;Cetacean Research Technology,Washington,USA;灵敏度: -185dB(参考声压 1μPa,参考电压 1V)在 1m 处,由于整合了一个 20dB 的前置信号放大装置,其有效灵敏度为 -165dB(参考声压 1μPa,参考电压 1V);频率响应范围:9Hz～100kHz,误差范围－12～3dB)、一个 1MHz 的 EC6081 带通滤波器(型号:VP2000;Reson,Slangerup,Denmark;带通滤波器设定:高通设定 100Hz,用于滤除系统自身的电子噪声和水流等低频噪声,低通设定 100kHz,用于避免高于录音参数设定决定的奈奎斯特频率以上的信号对所记录的信号的混叠干扰)以及一台 Fostex 野外数字式记录仪(型号:FR－2;Fostex Co.,Tokyo,Japan;分辨率:24 位,采样率最高可达 192kHz,对应的奈奎斯特频率为96kHz,频率响应范围:20Hz～80kHz,误差范围±3dB)。

2.3.3　声学数据分析

在实验室将野外收录的录音带进行数字化,相关转码是在 12 位模拟-数字信号转换卡中进行(型号:DT3010;American Engineering Design,CA,USA)。模数转换时采用的采样频率为384kHz,数据存储格式为.WAV。数据分析采用的软件为 SIGNAL/RTS™(版本号:4.03.01;A-merican Engineering Design, CA, USA)和 Raven Pro 生物声学软件(版本号:1.4;Cornell Laboratory of Ornithology,NY,USA)。所有的数据都经人耳监听以及后续的对目标信号的波形图和声谱图的进一步检测确认。

声信号的声谱图参数设定为:汉宁作用窗口,快速傅里叶转换数:2 048 或者 4 096 点(分别对应的采样率为 192kHz 和 384kHz),图帧之间的重叠率为 75%。声谱图的时间分辨率为2.67ms,其频率分辨率为 93.75Hz,其 3dB 滤波带宽为 135Hz。

对所有监测到的数据都进行计数统计,同时记录下其相应的时间信息(格式为:hh:mm:ss-DD/MM/YY)以便后续的检索和使用。所有的数据按照其信号的质量分为以下 4 类:劣质(信号可以被监听,但是其声谱图的轮廓不清晰)、一般(哨叫声声谱图的主体轮廓清晰,同时可以对其进行类型划分,见下文)、较好(哨叫声声谱图轮廓清晰,起始点明确,同时其信噪比的均方根结果小于 20dB)以及优质(哨叫声声谱图轮廓清晰,起始点明确,同时其信噪比的均方根结果大于 20dB)。如果相邻的两个信号的基本频率的轮廓线的间隔小于 200ms,同时该间隔小于任何一个声信号的持续时间且前一信号结束段和后一信号的开始段的频率差值小于3kHz 或者其各自的延长线能够平滑地对接时,会把这两个信号归为同一个信号。为了保证数据的独立性,降低对来自同一个体的同种类型信号进行多次采集的概率,对于一连串具有类似的声谱图的声信号,只随机地挑选一个信号进行分析。

2.3.4　哨叫声类型

对所有质量达到一般及更优水平的哨叫声进行了常规类型划分。

平滑型:在整个哨叫声的持续时间中,有超过 90% 的持续时间跨度内,频率的变动幅度小于 1kHz,如图 2-2a)所示;在整个声信号的持续时间中,哨叫声的频率恒定不变的信号比例较少；

下扫型：哨叫声的频率变动趋势主要为下降，即使有频率上升的部分，其频率变动范围也小于1kHz，如图2-2b）所示；

上扫型：哨叫声的频率变动趋势主要为上升，即使有频率下降的部分，其频率变动范围也小于1kHz，如图2-2c）所示；

凹型：哨叫声的频率变动情况为开始主要是下降，之后主要为上升，并且只有一个上升或下降枝的频率跨度超过1kHz，以及至少有一个拐点，如图2-2d）所示；

凸型：哨叫声的频率变动情况为开始主要是上升，之后主要为下降，并且只有一个上升或下降枝的频率跨度超过1kHz，以及至少有一个拐点，如图2-2e）所示；

正弦型：哨叫声的频率变动趋势为首先上升然后下降（或者刚好倒过来），然后循环往复，同时至少有两个拐点，如图2-2f）所示。

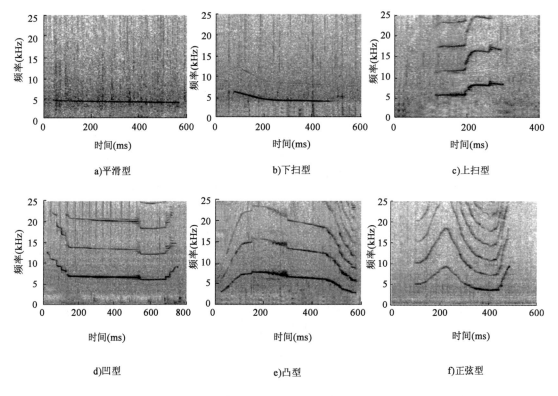

图2-2　中华白海豚6种类型哨叫声的频谱图

注：相应的参数设定如下，窗口类型为汉宁；时间分辨率2.67ms；图帧重叠比率75%；频率分辨率93.75Hz；分析窗位点数2 048；傅里叶转换位点数2 048。为了更好地呈现哨叫声基频的特性，频谱图的频率显示上限设定为25kHz。（Wang等，2013）。

2.3.5 声学参数

挑选那些信号质量达到较高水平的哨叫声进行后续定性和定量的统计描述。声学参数中对其基本频率的测量参数有 15 个,其中 9 个为频率参数。在这 9 个频率参数中,有 7 个是通过软件的手动测量工具对声谱图进行直接测量获得,它们分别是:开始频率(BF)、信号在 0.25 持续时间点的基频频率($F_{t0.25}$)、信号在 0.5 持续时间点的基频频率($F_{t0.5}$)、信号在 0.75 持续时间点的基频频率($F_{t0.75}$)、结束频率(EF)、最小频率($MinF$)、最大频率($MaxF$),剩余的两个频率变量分别为频率变动范围(DeF)和平均频率(MeF)。频率变动范围即信号基频的最大频率和最小频率的差值,而平均频率的计数公式如下:

$$MeF = (BF + EF + MinF + MaxF)/4$$

除了以上 9 个信号基频的频率参数外,还测量了持续时间和其他的 5 个定量参数:

频谱基频的开始扫向 BS:下降 $= -1$,平滑 $= 0$,上升 $= 1$。同时在统计分析时,这三个结果被分别转换为 1、2 和 3。

频谱基频的结束扫向 ES:下降 $= -1$,平滑 $= 0$,上升 $= 1$。同样,在统计分析时,这三个结果也被分别转换为 1、2 和 3。

声谱图基频的拐点数($NoIP$):即那些频率变化率从正值变为负值或者从负值变为正值的临界点,同时该节点两侧的频率变动范围都要大于 500Hz。

声谱图基频的断裂点数(NoG):基频不连续位置的数量。

声谱图基频的梯级结构数(NoS):即连续声谱图中频率骤变的区域,该处的频率变动范围要大于 500Hz;此外,大多数梯级结构处的频率变化率为 90°。

除此之外,还测量了两个谐波变量(非基频的测量变量),包括谐波数(NoH)以及最大谐波频率(MHF)。选择以上变量是为了和之前的研究保持一致,以便与相关研究进行比较。本研究中频率变量的单位为 Hz,时间变量的单位为 ms。

2.3.6 数理统计分析

由于所采用的两套录音系统都具有较平滑的频率响应范围(20Hz ~ 80kHz,变动范围小于 3dB),因此两套系统获得的声学数据具有均质性。在本研究中,将两套系统所记录到的结果合并后进行分析。哨叫声声学参数的统计比较在 SPSS16.0 软件中进行(SPSS Inc.,Chicago,IL,USA)。对所有变量的描述统计变量包括:平均值、最小值(Min)、最大值(Max)、标准误(SD)以及变异系数(CV)。采 Levene's 检测对数据进行方差齐性检验,并使用 Kolmogorov-Smirnov 拟合优度检测对数据分布的正态性进行检验。

由于所有的数据都不呈正态分布(Kolmogorov-Smirnov test: $p < 0.05$),采用非参统计检验对相关数据进行分析。具体而言,采用 Friedman 单因素方差分析对 5 个时序相关的变量(BF、

$F_{t0.25}$、$F_{t0.5}$、$F_{t0.75}$以及 EF)的整体差异性进行分析。开始频率和结束频率以及开始扫向和结束扫向这两对配对变量之间的差异性采用 Wilcoxon 符合检验。采用 Kruskal-Wallis 检验检测不同考察天次之间不同类型的哨叫声的百分比含量的差异性,采用 Dunn's 多重比较检验不同声音类型之间在各个声学指标间的差异状况。其他水域的驼背豚属的声学资料通过对相应的文献数据整理获得。如果相应的结果是按照声音类型进行分类统计的,则按照如下公式计算其整体的声学参数:

$$\overline{X}_T = \frac{\sum \overline{X}_i N_i}{\sum N_i}$$

$$s_T^2 = \frac{(\sum N_i s_i^2 + \sum N_i d_i^2)}{\sum N_i}$$

$$d_i = \overline{X}_T - \overline{X}_i$$

$$N_T = \sum N_i$$

式中:$\overline{X}_i$、s_i、N_i——分别代表第 i 组数据中的平均数、标准差以及样本量;

$\overline{X}_T$、s_T、N_T——分别代表将所有类型的哨叫声代表归并后的整体哨叫声的平均数、标准差以及样本量。采用独立样本 t 检验对驼背豚属哨叫声不同声学变量的种内差异性(包括印度-太平洋驼背豚和澳大利亚驼背豚)以及种间差异性[印度-太平洋驼背豚,大西洋驼背豚($S.$ —$teuszii$),澳大利亚驼背豚以及印度洋驼背豚(plumbeous dolphins, $S.$ $plumbea$)之间的两两比较]进行检验。具体而言,如果两组比较样本的方差的差异性经 F 检验齐性时($p < 0.05$),采用双侧 t 检验进行。若两组比较样本的方差的差异性经 F 检验不齐性时($p > 0.05$),采用 Cochran-Cox t-test 进行检验(又称为 t' 检验)。

2.4 中华白海豚哨叫声参数

在所有的 13 个野外考察工作日中,一共收录了 39h 的声音文件,其中包括 4 630 个哨叫声。这些数据是采集自不同的动物行为状态。同时,动物群体的种群数量在 2 ~ 15 头之间。在所有的哨叫声中,一共有 3 854 个信号达到良好及以上的分类水平,其中有 2 651 个信号达到优质的分类水平并被用来做后续的声学参数测量和统计分析(表 2-1)。

野外考察中每天记录到的哨叫声的描述统计

表2-1

日　期	记录时长	起止时间 (hh:mm:ss)	总哨叫声数	≥一般水平	优质哨叫声(数量,%)						
					平滑型	下扫型	上扫型	凹型	凸形	正弦型	总和
27/04/2011	2h36m9s	11:18:37~18:46:11	511	458	179(51.29)	62(17.77)	24(6.88)	8(2.29)	55(15.76)	21(6.02)	349
28/04/2011	1h22m7s	14:27:20~17:05:42	83	74	22(38.60)	19(33.33)	5(8.77)	0(0)	9(15.79)	2(3.51)	57
24/10/2011	36m20s	11:10:39~13:43:17	13	12	0(0.00)	7(70)	0(0)	2(20)	0(0.00)	1(10.00)	10
26/10/2011	1h53m37s	14:28:27~18:17:34	226	202	81(48.50)	22(13.17)	39(23.35)	4(2.4)	14(8.38)	7(4.19)	167
27/10/2011	1h35m28s	10:17:23~13:40:25	99	91	10(14.49)	5(7.25)	10(14.49)	28(40.58)	6(8.70)	10(14.49)	69
30/10/2011	2h46m39s	10:26:18~17:28:02	114	105	30(33.71)	8(8.99)	11(12.36)	3(3.37)	31(34.83)	6(6.74)	89
31/10/2011	3h23m59s	10:13:50~17:55:53	302	274	81(41.54)	30(15.38)	46(23.59)	5(2.56)	19(9.74)	14(7.18)	195
01/11/2011	4h38m25s	10:39:26~18:01:42	520	431	98(31.21)	102(32.48)	39(12.42)	27(8.6)	30(9.55)	18(5.73)	314
02/11/2011	4h44m15s	9:55:09~18:05:49	501	419	160(50.47)	88(27.76)	27(8.52)	16(5.05)	17(5.36)	9(2.84)	317
03/11/2011	4h33m56s	09:53:07~17:48:18	107	81	29(50.88)	5(8.77)	12(21.05)	2(3.51)	6(10.53)	3(5.26)	57
04/11/2011	5h18m27s	10:13:10~18:05:02	192	161	40(37.38)	46(42.99)	6(5.61)	5(4.67)	6(5.61)	4(3.74)	107
20/12/2011	2h40m1s	10:48:12~18:07:48	257	196	31(34.07)	21(23.08)	8(8.79)	6(6.59)	12(13.19)	13(14.29)	91
21/12/2011	2h48m41s	11:14:37~17:38:57	1 685	1 350	157(18.94)	114(13.75)	109(13.15)	127(15.32)	158(19.06)	164(19.78)	829
总和	38h58m4s		4 630	3 854	918(34.63)	529(19.95)	336(12.67)	233(8.79)	363(13.69)	272(10.26)	2 651

注:括号中的数字代表占总体的百分比(Wang 等,2013)。

2.4.1　声学参数统计

所有的声信号的声学参数的统计描述见表 2-2。中华白海豚的哨叫声的持续时间为 370.19ms ± 285.61ms(平均值 ± 标准差),同时其变动范围为 29 ~ 2 923ms。持续时间小于 370ms 和 1s 的信号分别占到了总体的 57.8% 和 97.5%。持续时间大于 2s 的信号一共检测到 8 次,占总体的 0.3%。Friedman 单因素方差分析表明,5 个时序相关的频率变量差异显著:开始频率(6.51kHz ± 3.50kHz)、0.25 持续时间处频率(6.22kHz ± 2.68kHz)、0.5 持续时间处频率(6.10kHz ± 2.70kHz)、0.75 持续时间处频率(6.07kHz ± 2.68kHz),以及结束频率(6.13kHz ± 3.01kHz)(Friedman test $\chi^2 = 492.31, k = 4, N = 2 651, p < 0.01$)。

配对样本检验表明,声信号的开始频率(6.51kHz ± 3.50kHz)显著高于其结束频率(6.13kHz ± 3.01kHz)(Wilcoxon 符合检验,$Z = -8.67, p < 0.01$)。哨叫声的最小频率和最大频率分别为 5.07kHz ± 2.18kHz 和 7.69kHz ± 3.77kHz,其相应的变动范围分别为 0.52 ~ 21.19kHz 和 0.56 ~ 33kHz。哨叫声的频率变动范围和平均频率分别为 2.63kHz ± 2.88kHz 和 6.35kHz ± 2.79kHz,其相应的变动范围分别为 0 ~ 21.25kHz 和 0.53 ~ 24kHz。哨叫声的开始扫向(1.97 ± 0.85)与结束扫向(1.97 ± 0.77)之间的差异性不显著(Wilcoxon 符号检验,$Z = -0.62, p = 0.54$)。哨叫声的拐点数变动范围为 0 ~ 9,同时其平均值为 0.6 ± 1.04。哨叫声中含有不大于 1 个拐点的信号占到了总体的 88.3%。哨叫声中具有包络断裂以及阶梯结构的信号较少(平均值 ± 标准差分别为:0.37 ± 0.82 和 0.24 ± 0.75);不具有包络断裂和阶梯结构的信号分别占到了总体的 76.7% 和 86.4%。哨叫声的谐波数的平均值为 1.90 ± 2.74,所检测到的谐波数的最大值为 19,同时谐波数不大于 2 的声信号占到了总体的 73.5%。哨叫声的最大谐波频率为 37.38kHz ± 13.17kHz,同时其最大的谐波频率大于 96kHz(受限于本研究所使用记录仪的采样率)(表 2-2)。

2.4.2　不同类型哨叫声的相对百分比

不同类型的哨叫声在不同考察天次的相对百分比例见图 2-3。在所有的 3 854 个频谱清晰的哨叫声中,平滑型是最主要的声音类型,共计 1 426 个,占到总体的 39.45% ± 11.86%,其在各个检测天中所占的比例的变动范围为 16.7% ~ 54.4%。下扫型哨叫声紧随其后,一共有 754 个,占到总体的 39.45% ± 11.86%,其在各个检测天中所占的比例的变动范围为 7.6% ~ 58.3%。上扫型和凸型的比例较接近,分别监测到了 489 个和 477 个,分别占到总体的 12.34% ± 7.00% 和 10.89% ± 7.38%,其在各个检测天中所占的比例的变动范围为 0 ~ 25.5% 和 0 ~ 31.4%。U 型和弦型哨叫声的比例较少,分别监测到了 340 个和 368 个,占到总体的 7.42% ± 8.75% 和 6.55% ± 4.50%,其在各个检测天中所占的比例的变动范围为 0 ~ 30.8% 和 2.1% ~ 18.4%。不同哨叫声类型所占的百分比在不同检测天中的差异性显著(Kruskal-Wallis $\chi^2 = 191.03, df = 12, p < 0.01$)(图 2-3)。

表2-2 中华白海豚6种哨叫声类型各自17种声学参数的描述统计

声音类型	描述统计变量	平滑型	下扫型	上扫型	凹型	凸型	正弦型	总和
持续时间(s)	mean±SD	316.57±262.66[A]	408.49±260.45[B]	259.23±211.70[C]	292.42±302.05[AC]	454.70±296.71[D]	567.56±315.04[E]	370.19±285.61
	Min-Max	34-2 176	30-2 683	29-1 045	40-2 923	46-2 436	79-2 491	29-2 923
	CV	82.97	63.76	81.67	103.29	65.25	55.51	77.15
开始频率 BF(kHz)	mean±SD	5.21±1.94[A]	8.90±3.76[B]	4.85±2.61[C]	9.27±3.78[B]	5.20±2.48[D]	7.63±4.46[D]	6.51±3.50
	Min-Max	0.47-21.19	2.72-24.38	1.08-23.41	2.53-22.88	1.56-22.5	2.25-24.38	0.47-24.38
	CV	37.30	42.27	53.92	40.79	47.68	58.39	53.76
0.25时长频率 $F_{t0.25}$(kHz)	mean±SD	5.21±1.90[A]	7.21±2.73[B]	5.65±2.44[C]	6.53±2.78[D]	6.79±2.91[DE]	7.34±3.30[BE]	6.22±2.68
	Min-Max	0.56-21.09	2.63-18.38	1.59-18.38	1.87-17.63	2.63-32.25	3.09-21.38	0.56-32.25
	CV	36.50	37.81	43.23	42.58	42.80	44.90	43.16
0.5时长频率 $F_{t0.5}$(kHz)	mean±SD	5.16±1.92[A]	6.49±2.33[BC]	6.29±2.56[B]	6.06±2.45[A]	6.66±3.04[C]	7.49±4.09[C]	6.10±2.70
	Min-Max	0.52-21.38	1.97-17.25	1.97-19.13	1.87-16.13	2.72-31.88	2.44-26.25	0.52-31.88
	CV	37.10	35.89	40.62	40.35	45.60	54.55	44.30
0.75时长频率 $F_{t0.75}$(kHz)	mean±SD	5.13±1.90[A]	6.06±2.17[B]	6.84±2.81[C]	6.81±2.85[C]	6.21±2.71[B]	7.55±3.98[C]	6.07±2.68
	Min-Max	0.52-21.47	1.69-17.25	2.25-19.5	2.06-20.63	2.16-24.75	3.17-22.5	0.52-24.75
	CV	37.08	35.87	41.00	41.80	43.68	52.73	44.07
结束频率 EF(kHz)	mean±SD	5.07±1.91[A]	5.69±2.12[A]	7.96±3.59[B]	8.82±3.48[C]	5.12±2.35[D]	7.30±4.08[E]	6.13±3.01
	Min-Max	0.56-22.14	1.5-16.31	2.43-20.25	3.09-25	1.03-20.34	2.06-23.7	0.56-25
	CV	37.72	37.27	45.16	39.48	45.99	55.93	49.21
最小频率 $MinF$(kHz)	mean±SD	4.90±1.90[A]	5.55±2.09[B]	4.74±2.37[C]	5.70±2.38[B]	4.63±2.25[C]	5.11±2.47[A]	5.07±2.18
	Min-Max	0.52-21.19	1.5-16.31	1.41-18.38	1.87-16.13	1.03-20.25	2.06-16.5	0.52-21.19
	CV	38.73	37.71	49.90	41.74	48.54	48.33	43.11
最大频率 $MaxF$(kHz)	mean±SD	5.43±1.93[A]	8.95±3.75[B]	8.12±3.63[C]	10.04±3.82[D]	7.64±3.20[C]	10.39±4.91[D]	7.69±3.77
	Min-Max	0.56-22.14	2.91-24.38	2.43-23.41	3.09-25	2.72-33	2.68-26.6	0.56-33
	CV	35.56	41.88	44.65	38.09	41.81	47.27	49.04
频率变动范围 DeF(kHz)	mean±SD	0.53±0.47[A]	3.40±3.01[B]	3.38±2.61[B]	4.33±3.15[C]	3.02±2.08[B]	5.27±3.70[D]	2.63±2.88
	Min-Max	0-3.84	0.03-19.22	0.26-17.6	0.66-21.25	0.35-17.63	0.24-19.29	0-21.25
	CV	87.41	88.64	77.27	72.78	69.13	70.27	109.80

续上表

声音类型	描述统计变量	平滑型	下扫型	上扫型	凹型	凸型	正弦型	总和
平均频率 MeF(kHz)	mean±SD	5.15 ± 1.90^A	7.27 ± 2.66^B	6.42 ± 2.79^C	8.46 ± 3.00^D	5.65 ± 2.40^E	7.61 ± 3.54^B	6.35 ± 2.79
	Min-Max	0.53-21.67	2.21-17.26	2.26-19.32	2.65-19.88	1.67-24.00	3.21-21.43	0.53-24
	CV	36.95	36.52	43.48	35.49	42.58	46.50	43.97
开始扫向 BS	mean±SD	1.98 ± 0.61^A	1.22 ± 0.54^B	2.68 ± 0.59^C	1.06 ± 0.27^D	2.90 ± 0.38^E	2.05 ± 0.96^E	1.97 ± 0.85
	Min-Max	-1-1	-1-1	-1-1	-1-1	-1-1	-1-1	-1-1
	CV	30.58	44.09	22.09	25.65	13.09	46.75	42.97
结束扫向 ES	Mean±SD	1.97 ± 0.48^A	1.54 ± 0.66^B	2.51 ± 0.66^C	2.91 ± 0.34^D	1.31 ± 0.62^E	2.18 ± 0.92^F	1.97 ± 0.77
	Min-Max	-1-1	-1-1	-1-1	-1-1	-1-1	-1-1	-1-1
	CV	30.58	42.53	26.06	11.75	47.80	42.09	38.93
拐点数 NoIP	mean±SD	0.08 ± 0.35^A	0.12 ± 0.47^B	0.09 ± 0.33^C	1.06 ± 0.35^D	1.03 ± 0.22^E	2.95 ± 1.30^F	0.60 ± 1.04
	Min-Max	0-5	0-5	0-3	1-4	1-4	2-9	0-9
	CV	406.46	384.50	382.43	32.66	21.53	44.05	172.04
断点数 NoG	mean±SD	0.31 ± 0.77^A	0.26 ± 0.66^B	0.22 ± 0.63^C	0.31 ± 0.77^D	0.39 ± 0.71^B	0.96 ± 1.25^D	0.37 ± 0.82
	Min-Max	0-9	0-5	0-6	0-4	0-4	0-8	0-9
	CV	250.30	254.10	281.49	246.93	183.85	130.11	223.12
阶梯数 NoS	mean±SD	0.04 ± 0.23^A	0.26 ± 0.82^B	0.25 ± 0.63^C	0.35 ± 0.89^D	0.31 ± 0.69^B	0.72 ± 1.35^D	0.24 ± 0.75
	Min-Max	0-2	0-7	0-4	0-8	0-4	0-8	0-8
	CV	622.13	311.45	250.13	251.83	224.80	187.89	307.53
谐波数 NoH	mean±SD	1.03 ± 2.03^A	1.41 ± 2.16^B	2.36 ± 2.75^C	3.40 ± 3.62^D	2.45 ± 2.95^E	3.24 ± 3.30^F	1.90 ± 2.74
	Min-Max	0-13	0-11	0-14	0-14	0-16	0-19	0-19
	CV	198.31	153.84	116.92	106.22	120.19	102.00	144.64
最大谐波频率 MFH(kHz)	mean±SD	31.72 ± 13.24^A	36.32 ± 12.30^B	35.96 ± 12.47^C	41.09 ± 14.45^C	37.13 ± 13.47^D	40.51 ± 14.57^E	37.38 ± 13.77
	Min-Max	0-125	0-73.5	0-90	0->96	0-79.13	0->96	0->96
	CV	41.75	33.87	34.66	35.17	36.28	35.96	36.85

注：描述统计变量包括平均值、标准差、最小值、最大值以及变异系数。平均值右上角标注的英文字母上标若不同表明差异性显著（$p < 0.05$）（Wang 等，2013）。

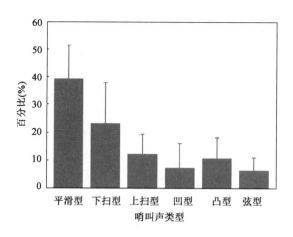

图 2-3 不同检测天中 6 种类型的哨叫声的百分比统计分布图

注：误差棒代表标准差。

2.4.3 不同类型哨叫声之间的差异性分析

在所有 255 组不同类型哨叫声的各声学参数之间的比较中，一共有 221 组存在显著的差异性。具体而言，声学变量中的包络的断点数、阶梯数和谐波数在所有的不同声音类型之间的多重比较中都存在显著性的差异性（表 2-2，Dunn's 多重统计检验，$p < 0.05$）。凸型和上扫型哨叫声在开始频率、最小频率、最大频率、频率变动范围以及 0.5 持续时间处频率的差异不显著（表 2-2，Dunn's 多重统计检验，$p > 0.05$）。凸型和下扫型哨叫声在频率变动范围、0.5 持续时间处频率、0.75 持续时间处频率、包络断点数和阶梯数之间的差异性不显著（表 2-2，Dunn's 多重统计检验，$p > 0.05$）。

凹型和正弦型哨叫声的在最大频率、0.75 持续时长频率、包络断点数和阶梯数之间差异性显著（表 2-2，Dunn's 多重统计检验，$p < 0.05$）。凸型和正弦型哨叫声在 0.25 持续时长频率、0.5 持续时长频率以及开始扫向之间差异性显著（表 2-2，Dunn's 多重统计检验，$p < 0.05$）。下扫型和正弦型在平均频率、0.25 持续时长频率和 0.5 持续时长频率之间差异性显著（表 2-2，Dunn's 多重统计检验，$p < 0.05$）。上扫型和凹型在持续时间、0.75 时长频率和最大谐波频率之间差异性显著（表 2-2，Dunn's 多重统计检验，$p < 0.05$）。下扫型和上扫型在频率变动范围以及 0.5 持续时长频率之间差异性显著（表 2-2，Dunn's 多重统计检验，$p < 0.05$）。下扫型和凹型在开始频率以及最小频率之间差异性显著（表 2-2，Dunn's 多重统计检验，$p < 0.05$）。平滑型和凹型在持续时间以及 0.5 持续时长频率之间差异性显著（表 2-2，Dunn's 多重统计检验，$p < 0.05$）。此外，凸型和平滑型在开始频率，下扫型和平滑型在结束频率，平滑型和弦型在最小频率，上扫型和正弦型在 0.75 持续时长频率以及凸型和凹型在 0.25 时长频率之间的差异性不显著（表 2-2；Dunn's 多重统计检验，$p > 0.05$）。

2.5 驼背豚属哨叫声的种内比较

2.5.1 中华白海豚哨叫声的种内比较

Hoffman 等（2015）对马来西亚 Matang Mangroves 附近水域和 Langkawi Island 附近水域的中华白海豚的哨叫声进行了研究，在此将其纳入比对的范围。在所有可以进行统计比较的不同水域的中华白海豚哨叫声的相关声学参数中，绝大多数比对中都发现了显著性的差异。具体而言，我国三娘湾水域的中华白海豚哨叫声与马来西亚 Matang Mangroves 附近水域的中华白海豚的哨叫声差异性显著：持续时间（$t' = 15.88, df_1 = 2\,650, df_2 = 959, p < 0.01$）、开始频率（$t' = -26.46, df_1 = 2\,650, df_2 = 959, p < 0.01$）、结束频率（$t' = -41.30, df_1 = 2\,650, df_2 = 959, p < 0.01$）、最小频率（$t' = -32.54, df_1 = 2\,650, df_2 = 959, p < 0.01$）、最大频率（$t' = -40.41, df_1 = 2\,650, df_2 = 959, p < 0.01$）、频率变动范围（$t' = -16.95, df_1 = 2\,650, df_2 = 959, p < 0.01$）和拐点数（$t' = -9.53, df_1 = 2\,650, df_2 = 959, p < 0.01$）。三娘湾水域的中华白海豚哨叫声与马来西亚 Langkawi Island 附近水域的中华白海豚的哨叫声的差异性显著：持续时间（$t' = 25.98, df_1 = 2\,650, df_2 = 822, p < 0.01$）、开始频率（$t' = -32.39, df_1 = 2\,650, df_2 = 822, p < 0.01$）、结束频率（$t' = -35.69, df_1 = 2\,650, df_2 = 822, p < 0.01$）、最小频率（$t' = -31.75, df_1 = 2\,650, df_2 = 822, p < 0.01$）、最大频率（$t' = -31.94, df_1 = 2\,650, df_2 = 822, p < 0.01$）、频率变动范围（$t' = -6.88, df_1 = 2\,650, df_2 = 822, p < 0.01$）和拐点数（$t' = -10.07, df_1 = 2\,650, df_2 = 822, p < 0.01$）。马来西亚 Matang Mangroves 附近水域和 Langkawi Island 附近水域的中华白海豚的哨叫声的差异性除在拐点数上差异不显著（$t = 0, df = 1\,781, p > 0.05$）外，在其他变量上差异性显著：持续时间（$t' = 6.67, df_1 = 959, df_2 = 822, p < 0.01$）、开始频率（$t' = -3.44, df_1 = 959, df_2 = 822, p < 0.01$）、结束频率（$t' = 10.70, df_1 = 959, df_2 = 822, p < 0.01$）、最小频率（$t' = 2.53, df_1 = 959, df_2 = 822, p < 0.05$）、最大频率（$t' = 9.45, df_1 = 959, df_2 = 822, p < 0.01$）和频率变动范围（$t' = 8.55, df_1 = 959, df_2 = 822, p < 0.01$）。此外，我国三娘湾水域的中华白海豚的哨叫声的声学参数均大于雷州湾水域的中华白海豚的哨叫声（Xu 等，2012）的相关参数（注：由于后者的样本量未给出，所以无法进行统计检验）（表2-3）。

2.5.2 澳大利亚驼背豚属哨叫声的种内比较

Soto 等（2014）在 2008 年 4 月对澳大利亚昆士兰 Moreton Bay（$27°23'$S, $153°26'$E）水域的驼背豚属的哨叫声进行了研究，将该结果纳入对比范围。澳大利亚 Moreton Bay 水域的驼背豚属的哨叫声和 Stradbroke Island 水域的驼背豚属的哨叫声在所有可以比较的相关声学参数中差异性显著：持续时间（$t' = -8.36, df_1 = 741, df_2 = 328, p < 0.01$）、最小频率（$t' = -7.45$,

驼背豚属啸叫声声学结构的种内以及种间比较

表 2-3

声音类型	描述统计变量	中华白海豚				马来西亚	
		中国			新加坡	Matang⑤	Langkawi⑤
		三娘湾①	香港②	雷州湾③	Aquarium④		
持续时间（s）	mean±SD	370.19±285.61[A]	ng	160±140	768.42±ng	227±220[B]	167±158[C]
	Min-Max	29-2 923	ng	20-530	160-1 360	10-1 575	16-1 316
	N	2 651	ng	ng	1 166	960	823
开始频率 BF（kHz）	mean±SD	6.51±3.50[A]	ng	4.28±1.54	ng	10.29±3.89[B]	10.88±3.34[C]
	Min-Max	0.47-24.38	ng	2.87-11.38	ng	1.42-22.58	1.57-26.49
	N	2 651	ng	ng	ng	960	823
结束频率 EF（kHz）	mean±SD	6.13±3.01[A]	ng	4.86±0.97	ng	12.06±4.06[B]	10.29±2.89[C]
	Min-Max	0.56-25	ng	2.67-7.85	ng	3.36-23.21	0.53-27.21
	N	2 651	ng	ng	ng	960	823
最小频率 MinF（kHz）	mean±SD	5.07±2.18[A]	ng	3.90±10.92	ng	8.85±3.35[B]	8.48±2.83[C]
	Min-Max	0.52-21.19	1.24-18.24	2.67-7.39	ng	3.03-21.21	1.23-26.49
	N	2 651	195	ng	ng	960	823
最大频率 MaxF（kHz）	mean±SD	7.69±3.77[A]	ng	5.310±1.45	ng	13.42±3.76[B]	11.88±3.12[C]
	Min-Max	0.56-33	2.05-24	3.62-11.38	ng	3.65-23.21	1.77-27.12
	N	2 651	195	ng	ng	960	823
谐波数 NoH	mean±SD	1.90±2.74[A]	ng	ng	ng	ng	ng
	Min-Max	0-19	ng	ng	ng	ng	ng
	N	2 651	ng	ng	ng	ng	ng
频率变动范围 DeF（kHz）	mean±SD	2.63±2.88[A]	ng	ng	ng	4.57±3.09[B]	3.39±2.73[C]
	Min-Max	0-21.25	ng	ng	ng	0.28-15.22	0.25-13.92
	N	2 651	ng	ng	ng	960	823

续上表

声音类型	描述统计变量	中华白海豚					
		中国			新加坡	马来西亚	
		三娘湾①	香港②	雷州湾③	Aquarium④	Matang⑤	Langkawi⑤
拐点数 NoIP	mean±SD	0.60±1.04[A]	ng	ng	ng	1.1±1.5[B]	1.1±1.3[B]
	Min-Max	0-9	ng	ng	ng	0-15	0-12
	N	2 651	ng	ng	ng	960	823
最大诸波频率 MFH(kHz)	mean±SD	37.38±13.77[A]	ng	ng	ng	Ng	ng
	Min-Max	0->96	ng	ng	ng	Ng	ng
	N	2651	ng.	ng.	ng	Ng	ng

声音类型	描述统计变量	澳洲驼背豚		印度洋驼背豚		大西洋驼背豚	
		澳大利亚		印度		安哥拉	
		Moreton Bay⑥	Moreton Bay⑦	Stradbroke Island⑧	Bowling Green Bay⑨	Indus Delta Region⑩	Flamingos⑪
持续时间(s)	mean±SD	250±200[D]	ng	163.49±133.03[C]	4370±2110[E]	203.80±164.92[B]	760±470[F]
	Min-Max	30-1 260	40-360	200-1 300	ng	40-1 200	50-2 210
	N	742	667	329	214	117	86
开始频率 BF(kHz)	mean±SD	ng	ng	8.51±3.77[D]	5.89±0.88[E]	ng	6.0±3.4[AE]
	Min-Max	ng	ng	0.9-21	ng	ng	2.8-21.0
	N	ng	ng	328	214	ng	86
结束频率 EF(kHz)	mean±SD	ng	ng	10.10±3.91[C]	7.49±2.99[D]	ng	6.3±3.9[A]
	Min-Max	ng	ng	1.8-21	ng	ng	2.5-23.4
	N	ng	ng	328	214	ng	86
最小频率 MinF(kHz)	Mean±SD	6.35±1.96[D]	ng	7.62±3.35[E]	5.7±0.89[F]	ng	4.8±2.3[A]
	Min-Max	1.66-16.2	1.2-ng	0.9-20	ng	3-9	2.5-12.6
	N	742	ng	320	214	117	86

续上表

声音类型	描述统计变量	澳洲驼背豚　澳大利亚			印度洋驼背豚　印度	大西洋驼背豚	安哥拉
		Moreton Bay⑥	Moreton Bay⑦	Stradbroke Island⑧	Bowling Green Bay⑨	Indus Delta Region⑩	Flamingos⑪
最大频率 MaxF(kHz)	mean±SD	12.25 ± 4.12^D	ng	10.58 ± 4.25^E	14.38 ± 1.62^F	ng	8.2 ± 3.1^A
	Min-Max	4.18-21.78	ng- >16	1.8-22	ng	4- >16	5.1-23.4
	N	742	ng	328	214	117	86
谐波数 NoH	mean±SD	0.5 ± 0.6^B	ng	0.11 ± 0.53^C	ng	ng	3.2 ± 2.0^D
	Min-Max	0-5	ng	0-4	ng	ng	0-10.0
	N	742	ng	304	ng	ng	86
频率变动范围 DeF(kHz)	mean±SD	ng	ng	ng	ng	ng	3.4 ± 1.8^C
	Min-Max	ng	ng	ng	ng	ng	1.0-14.8
	N	ng	ng	ng	ng	ng	86
拐点数 NoIP	mean±SD	0.85 ± 0.88^C	ng	ng	ng	ng	1.3 ± 0.9^B
	Min-Max	0-7	ng	ng	ng	ng	1.0-7.0
	N	742	ng	ng	ng	ng	86
最大谐波频率 MFH(kHz)	mean±SD	ng	ng	ng	ng	ng	29.7 ± 9.8
	Min-Max	ng	ng	ng	ng	ng	11.9-44.0
	N	ng	ng	ng	ng	ng	86

注:描述统计中给出了平均值,方差,最值以及样本量,平均值右上角标注的英文字母若不同表明差异性显著($p<0.05$)(修改自Wang et al.,2013b)。ng代表作者未给出。
①Wang等(2013),录音设备频率响应范围:20Hz~80kHz或0~147kHz;
②Sims等(2012),录音设备频率响应范围:20Hz~80kHz;
③Xu等(2012),录音设备频率响应范围:100Hz~80kHz;
④Seekings等(2010),录音设备频率截止范围:24kHz;
⑤Hoffman等(2015),录音设备频率响应范围:7Hz~80kHz;
⑥Soto等(2014),录音设备频率响应范围:5Hz~22kHz,考察位点(27°23'S,153°26'E),时间:2008年4月;
⑦Van Parijs和Corkeron(2001b),录音设备频率响应范围:20 Hz~22 kHz,考察位点(27°20'S,153°15'E),时间:1990年4~8月;
⑧Van Parijs和Corkeron(2001a),录音设备频率响应范围:20Hz~22kHz,考察位点(27°24'S,153°26'E),时间:1999年8月;
⑨Schultz和Corkeron(1994),录音设备频率响应范围:30Hz~16kHz,考察位点(19°15'S,146°50'E),时间:2000年2月;
⑩Zbinden等(1977),录音设备频率响应范围:30Hz~35kHz;
⑪Weir(2009),录音设备频率响应范围:44kHz。

$df_1 = 741, df_2 = 319, p < 0.01$)、最大频率($t' = -5.97, df_1 = 741, df_2 = 327, p < 0.01$)和谐波数
($t' = -10.63, df_1 = 741, df_2 = 303, p < 0.01$)(表2-3)。澳大利亚 Moreton Bay 水域的驼背豚属
的哨叫声和 Bowling Green Bay 水域的驼背豚属的哨叫声在所有可以比较的相关声学参数中差
异性显著:持续时间($t' = 28.46, df_1 = 741, df_2 = 213, p < 0.01$)、最小频率($t' = -6.89,$
$df_1 = 741, df_2 = 213, p < 0.01$)和最大频率($t' = 11.35, df_1 = 741, df_2 = 213, p < 0.01$)(表2-3)。
澳大利亚 Stradbroke Island 水域的驼背豚属的哨叫声和 Bowling Green Bay 水域的驼背豚属的
哨叫声在所有可以比较的相关声学参数中差异性显著:持续时间($t' = 29.06, df_1 = 328,$
$df_2 = 213, p < 0.01$)、开始频率($t' = 12.07, df_1 = 327, df_2 = 213, p < 0.01$)、结束频率($t' = 8.76,$
$df_1 = 327, df_2 = 213, p < 0.01$)、最小频率($t' = 9.84, df_1 = 319, df_2 = 213, p < 0.01$)和最大频率
($t' = 14.62, df_1 = 327, df_2 = 213, p < 0.01$)(表2-3)。

2.6 驼背豚属哨叫声的种间比较

2.6.1 中华白海豚和澳大利亚驼背豚哨叫声的比较

在绝大多数可以进行的统计比较中,中华白海豚与澳大利亚驼背豚的哨叫声之间的差异
性显著。具体如下:

三娘湾水域的中华白海豚的哨叫声与澳大利亚 Moreton Bay 附近水域的驼背豚的哨叫声
在所有可以比较的变量中都有显著性的差异:持续时间($t' = 13.04, df_1 = 2\,650, df_2 = 741,$
$p < 0.01$)、最小频率($t' = -15.32, df_1 = 2\,650, df_2 = 741, p < 0.01$)、最大频率($t' = -25.51,$
$df_1 = 2\,650, df_2 = 741, p < 0.01$)、谐波数($t' = 24.30, df_1 = 2\,650, df_2 = 741, p < 0.01$)和拐点数
($t' = -6.56, df_1 = 2\,650, df_2 = 741, p < 0.01$)(表2-3)。

三娘湾水域的中华白海豚的哨叫声与澳大利亚 Stradbroke Island 水域的驼背豚的哨叫声
在所有可以比较的变量中都有显著性的差异:持续时间($t' = 22.43, df_1 = 2\,650, df_2 = 328,$
$p < 0.01$)、开始频率($t' = 9.12, df_1 = 2\,650, df_2 = 327, p < 0.01$)、结束频率($t' = 17.72, df_1 =$
$2\,650, df_2 = 327, p < 0.01$)、最小频率($t' = 13.42, df_1 = 2\,650, df_2 = 319, p < 0.01$)、最大频率
($t' = 11.74, df_1 = 2\,650, df_2 = 327, p < 0.01$)和谐波数($t' = 29.46, df_1 = 2\,650, df_2 = 303,$
$p < 0.01$)(表2-3)。

三娘湾水域的中华白海豚的哨叫声与澳大利亚 Bowling Green Bay 救护的驼背豚的哨叫声
在所有可以比较的变量中都有显著性的差异:持续时间($t' = 27.65, df_1 = 2\,650, df_2 = 213,$
$p < 0.01$)、开始频率($t' = 6.82, df_1 = 2\,650, df_2 = 213, p < 0.01$)、结束频率($t' = 6.38, df_1 =$
$2\,650, df_2 = 213, p < 0.01$)、最小频率($t' = 8.49, df_1 = 2\,650, df_2 = 213, P < 0.01$)和最大频率
($t' = 50.31, df_1 = 2\,650, df_2 = 213, p < 0.01$)(表2-3)。

马来西亚 Matang Mangroves 附近水域的中华白海豚的哨叫声与澳大利亚 Moreton Bay 附近水域的驼背豚的哨叫声在所有可以比较的变量中都有显著性的差异：持续时间（$t' = -2.25$，$df_1 = 959$，$df_2 = 741$，$p < 0.05$）、最小频率（$t' = 19.23$，$df_1 = 959$，$df_2 = 741$，$p < 0.01$）、最大频率（$t' = 6.03$，$df_1 = 959$，$df_2 = 741$，$p < 0.01$）和拐点数（$t' = 4.29$，$df_1 = 959$，$df_2 = 741$，$p < 0.01$）（表2-3）。

马来西亚 Matang Mangroves 附近水域的中华白海豚的哨叫声与澳大利亚 Stradbroke Island 水域的驼背豚的哨叫声在所有可以比较的变量中都有显著性的差异：持续时间（$t' = 6.26$，$df_1 = 959$，$df_2 = 328$，$p < 0.01$）、开始频率（$t' = 7.32$，$df_1 = 959$，$df_2 = 327$，$p < 0.01$）、结束频率（$t' = 7.76$，$df_1 = 959$，$df_2 = 327$，$p < 0.01$）、最小频率（$t' = 5.74$，$df_1 = 959$，$df_2 = 319$，$p < 0.01$）和最大频率（$t' = 10.75$，$df_1 = 959$，$df_2 = 327$，$p < 0.01$）（表2-3）。

马来西亚 Matang Mangroves 附近水域的中华白海豚的哨叫声与澳大利亚 Bowling Green Bay 救护的驼背豚的哨叫声在所有可以比较的变量之间都有显著性的差异：持续时间（$t' = -28.62$，$df_1 = 959$，$df_2 = 213$，$p < 0.01$）、开始频率（$t' = 31.58$，$df_1 = 959$，$df_2 = 213$，$p < 0.01$）、结束频率（$t' = 18.79$，$df_1 = 959$，$df_2 = 213$，$p < 0.01$）、最小频率（$t' = 25.37$，$df_1 = 959$，$df_2 = 213$，< 0.01）和最大频率（$t = -3.66$，$df = 1172$，$p < 0.01$）（表2-3）。

马来西亚 Langkawi Island 附近水域的中华白海豚的哨叫声与澳大利亚 Moreton Bay 附近水域的驼背豚的哨叫声在所有可以比较的变量之间都有显著性的差异：持续时间（$t' = -9.04$，$df_1 = 822$，$df_2 = 741$，$p < 0.01$）、最小频率（$t' = 17.43$，$df_1 = 822$，$df_2 = 741$，$p < 0.01$）、最大频率（$t' = -1.98$，$df_1 = 822$，$df_2 = 741$，$p < 0.05$）和拐点数（$t' = 4.49$，$df_1 = 822$，$df_2 = 741$，$p < 0.01$）（表2-3）。

马来西亚 Langkawi Island 附近水域的中华白海豚的哨叫声与澳大利亚 Stradbroke Island 水域的驼背豚的哨叫声在所有可以比较的变量中，除了持续时间变量（$t = 0.41$，$df = 1150$，$p > 0.05$）和结束频率变量（$t' = 0.76$，$df_1 = 822$，$df_2 = 327$，$p > 0.05$）外，都有显著性的差异：开始频率（$t' = 9.94$，$df_1 = 822$，$df_2 = 328$，$p < 0.01$）、最小频率（$t' = 4.10$，$df_1 = 822$，$df_2 = 319$，$p < 0.01$）和最大频率（$t' = 5.03$，$df_1 = 822$，$df_2 = 327$，$p < 0.01$）（表2-3）。

马来西亚 Langkawi Island 附近水域的中华白海豚的哨叫声与澳大利亚 Bowling Green Bay 救护的驼背豚的哨叫声在所有可以比较的变量之间都有显著性的差异：持续时间（$t' = -29.05$，$df_1 = 822$，$df_2 = 213$，$p < 0.01$）、开始频率（$t' = 38.04$，$df_1 = 822$，$df_2 = 213$，$p < 0.01$）、结束频率（$t' = 12.26$，$df_1 = 822$，$df_2 = 213$，$p < 0.01$）、最小频率（$t' = 23.96$，$df_1 = 822$，$df_2 = 213$，$p < 0.01$）和最大频率（$t' = -16.08$，$df_1 = 822$，$df_2 = 213$，$p < 0.01$）（表2-3）。

2.6.2　中华白海豚和印度洋驼背豚哨叫声的种间比较

三娘湾水域的中华白海豚的哨叫声与印度洋驼背豚哨叫声在持续时间变量上差异性显

著（$t' = 10.22$，$df_1 = 2\,650$，$df_2 = 116$，$p < 0.01$）（表2-3）。

马来西亚 Langkawi Island 附近水域的中华白海豚的哨叫声与印度洋驼背豚哨叫声在持续时间变量上差异性显著（$t' = -2.22$，$df_1 = 822$，$df_2 = 116$，$p < 0.05$）。而马来西亚 Matang Mangroves 附近水域的中华白海豚的哨叫声与印度洋驼背豚哨叫声在持续时间变量上差异性不显著（$t = 1.14$，$df = 1\,075$，$p > 0.05$）（表2-3）。

2.6.3　中华白海豚和大西洋驼背豚哨叫声的种间比较

三娘湾水域的中华白海豚与大西洋驼背豚的哨叫声在所有的频率变量之间都没有显著性的差异：开始频率（$t = 1.33$，$df = 2\,735$，$p > 0.05$）、结束频率（$t = 0.51$，$df = 2\,735$，$p > 0.05$）、最小频率（$t = 1.13$，$df = 2\,735$，$p > 0.05$）、最大频率（$t = 1.24$，$df = 2\,735$，$p > 0.05$）。而在其他的变量中，二者之间的差异性显著：持续时间（$t' = 7.60$，$df_1 = 2\,650$，$df_2 = 85$，$p < 0.01$）、谐波数（$t' = 5.82$，$df_1 = 2\,650$，$df_2 = 85$，$p < 0.01$）、频率变动范围（$t' = 3.79$，$df_1 = 2\,650$，$df_2 = 85$，$p < 0.01$）、拐点数（$t' = 7.02$，$df_1 = 2\,650$，$df_2 = 85$，$p < 0.01$）和最大谐波频率（$t' = 7.01$，$df_1 = 2\,650$，$df_2 = 85$，$p < 0.01$）（表2-3）。

马来西亚 Matang Mangroves 附近水域的中华白海豚的哨叫声与大西洋驼背豚的哨叫声在所有可以比较的变量中，除拐点数（$t' = -1.84$，$df_1 = 959$，$df_2 = 85$，$p > 0.05$）外，都有显著性的差异：持续时间（$t' = -10.36$，$df_1 = 959$，$df_2 = 85$，$p < 0.01$）、开始频率（$t' = 11.01$，$df_1 = 959$，$df_2 = 85$，$p < 0.01$）、结束频率（$t' = 13.0$，$df_1 = 959$，$df_2 = 85$，$p < 0.01$）、最小频率（$t' = 14.89$，$df_1 = 959$，$df_2 = 85$，$p < 0.01$）、最大频率（$t' = 14.6$，$df_1 = 959$，$df_2 = 85$，$p < 0.01$）和频率变动范围（$t' = 5.33$，$df_1 = 959$，$df_2 = 85$，$p < 0.01$）（表2-3）。

马来西亚 Langkawi Island 附近水域的中华白海豚的哨叫声与大西洋驼背豚的哨叫声在所有可以比较的变量中，除拐点数（$t' = -1.85$，$df_1 = 822$，$df_2 = 85$，$p > 0.05$）和频率变动范围（$t = -0.03$，$df = 907$，$p > 0.02$）外，都有显著性的差异：持续时间（$t' = -11.56$，$df_1 = 822$，$df_2 = 85$，$p < 0.01$）、开始频率（$t' = 12.62$，$df_1 = 822$，$df_2 = 85$，$p < 0.01$）、结束频率（$t' = 9.18$，$df_1 = 822$，$df_2 = 85$，$p < 0.01$）、最小频率（$t' = 13.72$，$df_1 = 822$，$df_2 = 85$，$p < 0.01$）和最大频率（$t' = 10.41$，$df_1 = 822$，$df_2 = 85$，$p < 0.01$）（表2-3）。

2.6.4　澳大利亚驼背豚和印度洋驼背豚哨叫声的种间比较

澳大利亚 Moreton Bay 附近水域的驼背豚的哨叫声与印度洋驼背豚的哨叫声在持续时间变量上差异性显著（$t' = -2.77$，$df_1 = 741$，$df_2 = 116$，$p < 0.01$）（表2-3）。

澳大利亚 Stradbroke Island 水域的驼背豚的哨叫声与印度洋驼背豚的哨叫声在持续时间变量上差异性显著（$t' = -2.37$，$df_1 = 328$，$df_2 = 116$，$p < 0.05$）（表2-3）。

澳大利亚 Bowling Green Bay 救护的驼背豚的哨叫声与印度洋驼背豚的哨叫声在持续

时间变量上差异性显著（$t' = 28.66, df_1 = 213, df_2 = 116, p < 0.01$）（表2-3）。

2.6.5　澳大利亚驼背豚和大西洋驼背豚哨叫声的种间比较

澳大利亚 Moreton Bay 附近水域的驼背豚的哨叫声与大西洋驼背豚的哨叫声在所有可以比较的变量之间都有显著性的差异：持续时间（$t' = 9.90, df_1 = 741, df_2 = 85, p < 0.01$）、最小频率（$t' = 5.97, df_1 = 741, df_2 = 85, p < 0.01$）、最大频率（$t' = -10.98, df_1 = 741, df_2 = 85, p < 0.01$）和谐波数（$t' = 12.38, df_1 = 741, df_2 = 85, p < 0.01$）（表2-3）。

澳大利亚 Stradbroke Island 水域的驼背豚的哨叫声与大西洋驼背豚的哨叫声在所有可以比较的变量之间都有显著性的差异：持续时间（$t' = 11.58, df_1 = 328, df_2 = 85, p < 0.01$）、开始频率（$t' = 5.92, df_1 = 327, df_2 = 85, p < 0.01$）、结束频率（$t' = 7.99, df_1 = 327, df_2 = 85, p < 0.01$）、最小频率（$t' = 9.08, df_1 = 319, df_2 = 85, p < 0.01$）、最大频率（$t' = 5.80, df_1 = 327, df_2 = 85, p < 0.01$）和谐波数（$t' = 14.12, df_1 = 303, df_2 = 85, p < 0.01$）（表2-3）。

澳大利亚 Bowling Green Bay 救护的驼背豚的哨叫声与大西洋驼背豚的哨叫声在所有可以比较的变量中，除了开始频率（$t = 0.43, df = 298, p > 0.05$）外，都有显著性的差异：持续时间（$t' = 23.55, df_1 = 213, df_2 = 85, p < 0.01$）、结束频率（$t' = 2.53, df_1 = 213, df_2 = 86, p < 0.05$）、最小频率（$t' = 3.50, df_1 = 213, df_2 = 85, p < 0.01$）和最大频率（$t' = 17.45, df_1 = 213, df_2 = 85, p < 0.01$）（表2-3）。

2.6.6　印度洋驼背豚和大西洋驼背豚哨叫声的种间比较

印度洋驼背豚的哨叫声与大西洋驼背豚的哨叫声在持续时间变量上差异性显著（$t' = 10.45, df_1 = 116, df_2 = 85, p < 0.01$）（表2-3）。

2.7　中华白海豚哨叫声的特殊性

在本研究中，持续时间小于 300ms 的声信号，又称鸣啭声，占到了总体的 48.6%，该结果类似于对夏威夷飞旋海豚（Hawaiian spinner dolphins, *S. longirostris*）的检测结果（44%）。哨叫声的基频达到超声范围的情况已经在部分齿鲸类动物中发现。先前的研究表明，驼背豚属的哨叫声的基频范围为 $0.9 \sim 2$kHz，甚至能够高达 24kHz。本研究表明，驼背豚属的哨叫声的基频范围为 $0.52 \sim 33$kHz。

由于开始频率、信号在 0.25 持续时间点的基频频率、信号在 0.5 持续时间点的基频频率、信号在 0.75 持续时间点的基频频率，以及结束频率这 5 个时序相关的频率变量之间的差异性显著，对其代表性的基频进行了重建。其重建结果为一平滑型哨叫声（频率变动范围小于 1kHz）（图2-4）。本研究中，哨叫声的开始频率显著低于结束频率，这与在夏威夷飞旋海豚和大西洋斑点海豚的研究结果相反。

与时间变量及定性变量(除开始扫向和结果扫向外工具有较高的变异系数相比(持续时间的变异系数:55~103,定性变量的变异系数的取值范围:55~406),频率变量(除频率变动范围变量外)的变异系数相对较小,其取值范围为35.49~58.39。而频率变动范围变量的变异系数的范围为69.13~109.8(表2-2)。类似的结果在其他的物种中也发现了,其中包括南美长吻海豚(Tucuxi dolphins,*Sotalia fluviatilis*)、瓶鼻海豚、亚马孙河豚(Amazon river dolphins,*Inia geoffrensis*)、暗色斑纹海豚(Dusky dolphin,*Lagenorhynchus obscurus*)、夏威夷飞旋海豚、大西洋斑点海豚以及热带斑点海豚(Pantropical spotted dolphins,*Stenella attenuata*)。本研究发现的频率变动范围参数具有的较高的变异系数,表明白海豚的哨叫声具有较高的变异程度。此外,本研究中开始扫向和结束扫向的变异系数较低,分别为13.09~46.75和11.75~47.8(表2-2),这与其他的研究结果差别较大。而造成这一差别的原因可能是分析方法的差异,即在本研究中,采用了三阶取值(下扫=−1,平滑=0和上扫=1),而Wang等(1995)则采用了二阶取值(上扫=1和下扫=0)。

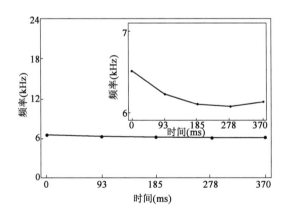

图2-4　中华白海豚哨叫声的基频轮廓图

注:采用开始频率、信号在0.25持续时间点的基频频率、信号在0.5持续时间点的基频频率、信号在0.75持续时间点的基频频率以及结束频率这5个时序相关的频率变量重建的中华白海豚哨叫声的基频轮廓图。内插图为对该重建信号的放大显示。

驼背豚属能够发出多样性的哨叫声,在本研究中,将哨叫声分为6大类型。这种多样性的声信号与印度洋驼背豚属中的研究结果较类似。在不同的考察工作日中,所记录到的白海豚的哨叫声的百分比例存在显著性的差异,这可能与群体的个体年龄、行为状态以及相应的环境差异有关。然而其具体的相关性还不得而知,有待后续的研究进一步探讨。

为了进一步与其他的驼背豚属研究进行比较,将哨叫声分类标准应用于其他的研究中,因此,新加坡水域的白海豚的5类哨叫声可以进一步归并为凸型、上扫型和正弦型。具体而言,哨叫声类型 1 和 3 可以组合为凸型,而哨叫声类型 4 和 5 可以归并为上扫型哨叫声,哨叫声类型 2 可以归类为正弦型哨叫声。澳大利亚驼背豚属中的 17 种哨叫声类型,除去类型 15 外(声谱图不清晰),可以进一步归并为以下 5 种类型:哨叫声类型 1、4、5、6、14 和 17 可以归并为上扫型($N = 202$,占到总体的 61.59%),哨叫声类型 3、12 和 16 可以归并为下扫型,哨叫声类型 2、9 和 10 可以归并为凹型,哨叫声类型 7、8 和 11 可以归并为凸型,哨叫声类型 13 可以划分为正弦型。澳大利亚驼背海豚的上扫型哨叫声的检测概率(61.59%)是本研究中相应概率(12.34%)的 4 倍。

有研究表明,哨叫声的持续时间是进行海豚物种识别的最重要的声学变量,而这一结论在本研究中并不太适用,具体而言,中华白海豚的哨叫声的持续时间在不同群体之间存在显著性的差异性,同时澳大利亚驼背海豚的哨叫声的持续时间也存在显著性的种内差异,虽然绝大多数的驼背海豚的种间比较也具有显著性的差异性,但是马来西亚 Matang 水域的白海豚的哨叫声的持续时间和印度洋驼背海豚的哨叫声的持续时间差异不显著,同时马来西亚 Langlawi 水域的白海豚与澳大利亚 Stradbroke Island 附近水域的驼背海豚的哨叫声的持续时间差异性不显著(表 2-3)。

马来西亚 Matang Mangroves 附近水域和 Langkawi Island 附近水域的中华白海豚的哨叫声之间的差异性很有可能是微地理种群的差异。而三娘湾水域的白海豚的哨叫声和马来西亚水域的白海豚的哨叫声的差异性很有可能是同种内部不同种群间的宏观地理差异造成。

澳大利亚 Moreton Bay 水域的驼背海豚和 Stradbroke Island 附近水域驼背海豚的哨叫声的差异性可能是源于同一群体在不同年份之间的差异。而其他的种内差异,可能是同一物种不同群体间的宏观或微观地理差异造成。

在所有的种间比较中,绝大多数的比较都具有显著的差异性,这可能是由于种间特有的差异所造成的。通过比对大西洋驼背海豚的哨叫声和印度-太平洋水域的中华白海豚的哨叫声,发现三娘湾水域的中华白海豚和大西洋驼背海豚的哨叫声在频率参数上差异性不显著,而新加坡水域的白海豚和大西洋驼背海豚的所有频率参数的差异性均显著。

以上的种内和种间差异很有可能是对相应的栖息地环境的适应。环境适应假说认为,环境条件的地理特异性可能会对动物的声音产生影响,为了降低来自环境噪声以及船舶等的干扰,动物的发声会做出相应的抗干扰调整。此外,不同物种在栖息地上的重叠也可能对物种声信号的地理差异性产生影响。举例来说,在嘈杂的环境中,印度-太平洋瓶鼻海豚(Indo-pacific bottlenose dolphins, T. aduncus)会发出频率调制较小的且频率相对较低的声信号。换言之,动物的声信号很有可能是对其特定栖息地环境条件的适应,同时与栖息在同一水域的不同物种的栖息地重叠率具有负相关。

为了更好地保护中华白海豚,急需知晓的是,不同的地理种群之间是否有个体迁移,或者它们之间是否已经是独立的地理群体了,而这个问题目前还不得而知,有待后续的研究来揭示。

2.8　被救护的老年中华白海豚哨叫声

对 2012 年 3 月 12 日在佛山南海区罗村镇排洪沟 (N 23°04' ; E 113 °01') 救护的一头老年雄性中华白海豚的声信号进行了长达半个月的连续记录,结果表明正弦型是最主要的类型,占到总体的 61%,其次是上扫型,占总体的 25%,下扫型和凹型各占 5%,平滑型和凸型所占的比例较小,分别仅占 2% 。正弦型哨叫声中单环型占 55%,双环型和三环型分别占 30% 和10%,四环型和五环型各占 3%(图 2-5)。

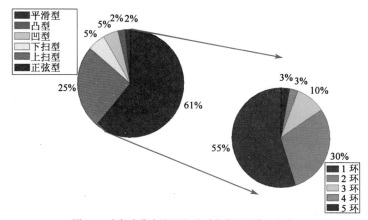

图 2-5　老年中华白海豚的哨叫声类型百分比组成

老年中华白海豚哨叫声的起始频率平均为 3.90kHz ± 3.2kHz,结束频率为 7.09kHz ± 4.2kHz,最小频率为 3.52kHz ± 2.2kHz,最大频率为 8.28kHz ± 44kHz,持续时间为 0.84s ± 0.42s,开始扫向为 0.59 ± 0.52,结束扫向为 03.78 ± 0.62,拐点数为 2.07 ± 3.72,包络断裂点数为 0.60 ± 0.41,梯级结构为 0.17 ± 0.11,谐波数为 4.18 ± 0.22 (图 2-6) 最大谐波超过 96kHz 甚至达到

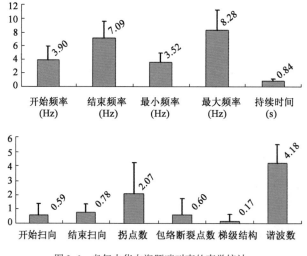

图 2-6　老年中华白海豚哨叫声的声学统计

150kHz。哨叫声间隔主要分布在 0 ~ 100s 之间。哨叫声的声压级约为 150dB（参考声压 1μPa，参考电压 1V），其声源级约为 155dB（参考声压 1μPa，参考电压 1V）。

2.9 野生中华白海豚回声定位信号

回声定位信号具有高频特征，主要用于巡航探测和目标定位。分析了中华白海豚回声定位信号的峰值频率、3dB 带宽及 10dB 带宽、脉冲间隔及单脉冲持续时间，以及带宽与峰频的关系等物理参数。

2.9.1 回声定位信号的基本特征

中华白海豚的回声定位信号（图 2-7）可以分为两种不同的类型，其分别是单峰模式 [图 2-8a)] 和双峰模式 [图 2-8b)]。

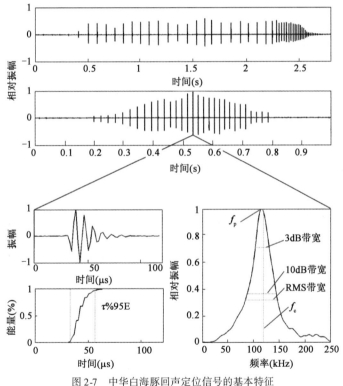

图 2-7 中华白海豚回声定位信号的基本特征

注：f_p 为峰值频率，f_c 为中心频率。

中华白海豚回声定位信号中，74.74% 的 3dB 带宽分布在 30 ~ 50kHz，频率峰值分布在 100 ~ 130kHz，其频率峰值接近于瓶鼻海豚，低于长江江豚（图 2-9）。10dB 带宽主要分布在 50 ~ 130kHz，脉冲间隔时间为 54.74ms ± 38.87ms，65.6% 的脉冲间隔小于 60ms。98.95% 的脉冲持续时间在 30 ~ 60μs 之间，74.74% 的脉冲持续时间的峰值分布在 40 ~ 50μs（图 2-9）。

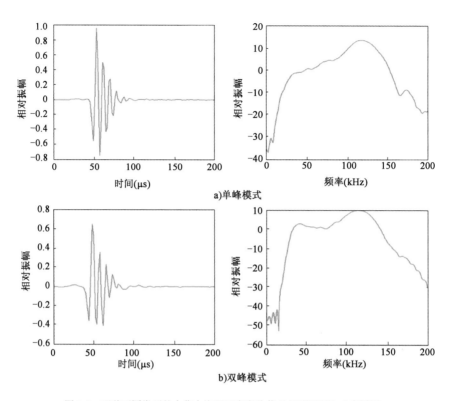

a)单峰模式

b)双峰模式

图2-8 两种不同类型的中华白海豚回声定位信号的波形图和功率谱图

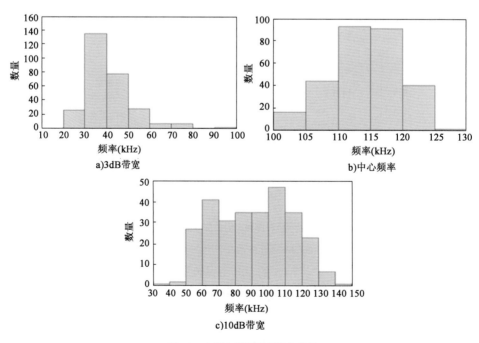

a)3dB带宽

b)中心频率

c)10dB带宽

图2-9 中华白海豚回声定位信号

2.9.2　滴答声阵列的特征

研究表明,野外中华白海豚的脉冲串是多变的,变化的参数包括脉冲串持续时间、脉冲个数以及脉冲间隔。这些变化反映了海豚对野外复杂多变环境的高度适应性。

本研究中部分信号的脉冲间隔远远小于平均脉冲间隔,而接近于最小脉冲间隔。这可能是因为短脉冲间隔的脉冲串总是包含着更多的脉冲。脉冲串脉冲个数和平均脉冲间隔的关系也支持这个假设。部分脉冲串的脉冲个数与平均脉冲间隔呈微弱的负相关($P < 0.01, R^2 = 0.188$),这意味着脉冲串的脉冲个数会随着平均脉冲间隔的增加而减少。而另一部分脉冲串的脉冲个数与脉冲串持续时间呈正相关($P < 0.01, R^2 = 0.188$),说明脉冲串持续时间越长脉冲个数越多。简言之,脉冲串持续时间越长则脉冲个数越多,脉冲间隔也越短,这可能是全部脉冲间隔接近最小脉冲间隔,而短于平均脉冲间隔的原因。

根据脉冲间隔的变化可以推断出海豚和目标物之间的距离变化,进而了解海豚的水下行为。海豚发出的脉冲串类型有两种,即脉冲间隔恒定和脉冲间隔波动的脉冲串。已有研究表明中华白海豚发出的脉冲间隔恒定的脉冲串中起始脉冲间隔和结束脉冲间隔之间有很强的线性关系,这说明恒定脉冲串的脉冲间隔波动很小。但是实验结果却暗示,当用最小脉冲间隔和最大脉冲间隔进行比较时,中华白海豚的脉冲间隔波动大于 Sims 等的结果。本研究所发现的最小脉冲间隔和最大脉冲间隔呈正相关($R^2 = 0.454, p < 0.01$),这说明 Sims 等的实验中脉冲间隔恒定的脉冲串比我们研究中的脉冲串更稳定。脉冲间隔的波动可能是受到海豚觅食行为的影响。已有的研究表明海豚的觅食行为主要包括三个阶段,寻找阶段(脉冲间隔恒定),靠近阶段(脉冲间隔逐渐减小),结束阶段(脉冲间隔骤然减小,即高重复率脉冲,也称为嗡嗡声)。嗡嗡声在其他种类海豚中已有广泛的报道,而且已被证明与觅食行为有很紧密的联系。但是中华白海豚脉冲模式与行为的关系还有待研究。

通过比较本研究与之前 Kimura 等(2014)描述的中华白海豚脉冲串特性发现,脉冲串脉冲个数非常相近,但是脉冲串持续时间和平均脉冲间隔远大于 Kimura 等的结果。造成这种差异的原因除了人为选择研究信号的主观因素和海豚对目标物的兴趣程度以外,环境也是一个很重要的影响因素。比如抹香鲸潜水深度不同所发出的脉冲串间隔就会不同。潜水初期脉冲间隔接近于1s,当潜到极限水深时脉冲间隔会保持在0.5s左右。豢养条件下的长江江豚脉冲间隔比野生长江江豚脉冲间隔短 8 ~ 10ms。

2.9.3　回声定位信号的时域和频域特征

中华白海豚能发出短促,宽带和高频的回声定位信号,这与大部分沿岸分布发哨叫声的海豚非常相似。通过与先前野生中华白海豚回声定位信号的研究结果比较后发现回声定位信号在时域和频域上有较大的差异。相比较于本研究,先前的结果其波形有更多的周波数和更宽的峰值频率分布范围。导致这种差异的原因可能是由于先前的研究是在野外,声信号记录环境条件不佳。正如上面提到的,中华白海豚生活在水深小于20m的浅水区,靠近海岸,这可能使记录到的声信号有更高的概率产生多径或较强的回声。此外,在之前的研究过程中,记录水听器是拖曳式的,可能接收到更多来自水面的回声以及来自发动机工作的噪声。

相比豢养条件下的动物,野生中华白海豚发出的回声定位信号持续时间非常短。这可能是因为豢养的动物更倾向于发出较长持续时间的信号,使得低声源级水平的声信号就能提供足够的能量来探测目标,同时也能减少声音的反射强度。

中华白海豚的回声定位信号峰值频率很高,平均值为107.85kHz,与豢养的年轻和老年个体的均值相比均有较大差异。豢养的年轻白海豚发出的回声定位信号的峰值频率有时比120kHz还高,但同时也有的会低于10kHz;而老年白海豚的峰值频率几乎比野生白海豚低10kHz。野生动物与豢养动物的这种差异在之前的研究中有过报道,并认为环境是导致它们峰值频率漂移的一个最重要因素。但对于老年中华白海豚来说可能更多是听力损失。另一方面,较高的峰值频率可以增加信号的方向性并减少杂波,能帮助动物适应浅水环境。但野生中华白海豚的峰值频率比年轻豢养海豚低大约7kHz,可能是由离轴声信号造成的。中心频率总比峰值频率低并具有85~121kHz的较宽变动范围。同时中心频率非常接近于峰值频率,这说明中华白海豚基本不具有能扩展宽度的双峰频谱。

依据Jefferson(2000)的结果,在中华白海豚的回声信号中发现了较高的双峰频谱的存在,但在本研究中很少被发现。这种差异的一种可能的解释是之前研究的动物回声信号发生了变化。双峰频谱往往在其他发哨叫声的齿鲸中发现,如伪虎鲸(*Pseudorca crassidens*)、大西洋斑点海豚、花纹海豚和暗斑海豚(*lagenorhynchus obscures*),它似乎是动物的一个重要的内在特征,但是目前还不清楚为什么会有双峰频谱。实际上,豢养动物有着高重复率的双峰回声定位信号,而Au(2003)发现在豢养动物中当声源级水平接近最大值时,信号趋向于单峰。Wahlberg等(2011)研究发现野生动物在轴上很少发现双峰声信号。这些研究结果可能说明了双峰频谱与环境有关。然而,双峰特性常常在宽带物种中发现,在窄带高频物种中却很少发现。豢养的中华白海豚的双峰频谱出现概率较高,尤其是存在可能与年龄相关的听觉损失老年个体。这意味着年龄可能也是产生双峰频谱的影响因素。然而,回声信号的参数,例如频谱,可能会受到许多因素的影响,这将使寻找海豚发出双峰频谱回声定位信号的原因变得非常困难。

中华白海豚发出的宽频回声信号3dB带宽为41.45kHz。均方根带宽比3dB带宽短得多并且很稳定。根据结果,均方根带宽似乎能更好地表述中华白海豚回声定位信号的带宽特征,Au(2004)也暗示了同样的观点。较广带宽的回声定位信号被认为有较好的距离分辨率,能够增强中华白海豚适应浅水、浑浊和泥泞环境的能力。

回声信号参数之间的复杂关系如图2-7所示。中华白海豚回声定位信号频率峰值与3dB

带宽呈微弱负相关关系,R^2值为0.155。这意味着峰值频率会随着3dB带宽的升高而降低。这种频率和带宽之间的关系与长江江豚十分相似,但是与花纹海豚和大西洋斑点海豚的结果不符。图2-7b)显示了回声定位信号频率峰值与95%能量持续时间呈微弱正相关关系。这意味着当持续时间升高时峰值频率会随着上升。较高的频率能协助海豚更好地生活在浅水环境,而较长的持续时间能在较低声强度水平上提供更多的能量。

2.10　中华白海豚脉冲信号声源级

研究表明齿鲸发出声呐信号强弱的变化范围是比较大的,见表2-4,声源级低的在150~160dB,高的接近230dB。声源级的大小与所处的环境有密切联系,低声源级一般是在水泥池中测量到的,高的声源级一般都是在开阔的水域中记录到的。同时在给齿鲸做声呐识别实验中也发现动物的声源级也很大的变动,且与探测目标的大小和材质有着密切的关系。记录分析中华白海豚的声源级大小对了解动物的声呐基本特性及动物如何使用声呐信号会有很大的帮助。

几种常见齿鲸的声源级大小(单位:dB)　　　　　表2-4

中 文 名	英 文 名	表观源级范围	表观源级(均值±标准差)	来 源
中华白海豚	Pacific hmpbak dolphin	173~192	181±6	本研究
瓶鼻海豚	Bottlenose dolphin	186~214	199±6	Wahlberg,2011
东方宽吻海豚	Indo-pacific bottlenose dolphin	177~219	186±6	Wahlberg,2011
皮氏斑纹海豚	Peale's doblphin(NBHF)	169~196	205±7	Khyn等,2010
花斑喙头海豚	Commerson's dolphins(NBHF)	166~190	177±5	Khyn等,2010
港湾鼠海豚	Harbour porpoise(NHBF)	178~205	191	Villadsgaard等,2007

A-tag是一种声音事件记录仪,由两个水听器组成(图2-10)。它能记录声音信号的时间和声音信号的声压级(SPL),并自动计算出时间差。利用A-tag阵列接收到的动物声音信号,就能计算出动物在水中的二维轨迹,与仪器的距离R,见图2-11。根据公式$SL = SPL + 20\log R$,可以计算动物的声源级SL。

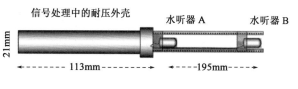

图2-10　A-tag示意图

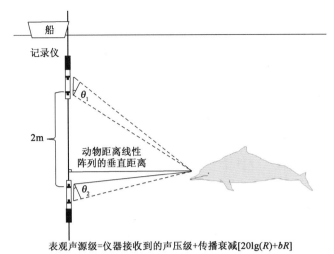

表观声源级=仪器接收到的声压级+传播衰减[20lg(R)+bR]

图2-11　中华白海豚回声定位信号声压级研究原理图

注:b 为吸收系数。

中华白海豚回声定位信号中,每个脉冲信号平均由36.3±32.5个脉冲组成。脉冲串的平均持续时间为 1.5s±1.5s。平均脉冲间间隔的持续时间的分布呈现一种双峰模式,这种双峰模式的分界点在 20ms 的位置(图 2-12)。

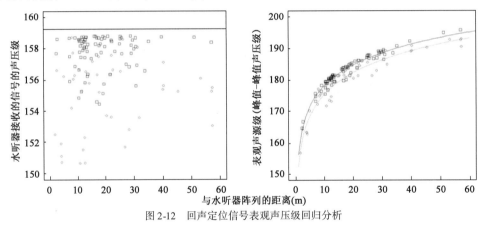

图2-12　回声定位信号表观声压级回归分析

回声定位信号可分为常规脉冲信号(平均脉冲间隔大于20ms)以及短距离探测脉冲信号(平均脉冲间隔小于20ms)两大类,并对不同类型脉冲信号的表观声源级进行了计算:结果表明常规脉冲信号的表观声源级为182.8dB ±5.4dB,而短距离探测脉冲信号的表观声源级为179.6dB ±8.9dB(图2-12)。

2.11　被动声学监测中华白海豚的可行性

中华白海豚发出宽频和短持续时间的回声信号,这使得采用被动声学方法监测野外栖息地的动物分布丰度和声行为成为可能。考虑到中华白海豚和江豚的栖息地重叠,就必须在实施被动声学监测之前将两个物种的声音区分清楚。

中华白海豚发出的宽带回声定位信号与江豚发出的回声信号定位有很大差异。江豚发出回声定位信号是窄带高频的,频率高于120kHz,持续时间超过60μs。尽管在时域和频域上中华白海豚和江豚有差异,但是大部分的被动声学监测仪器(如A-tag)只能记录声音事件而没有时域和频域的信息。所以不可能通过脉冲串来确定不同物种的声信号。此外,海江豚的知识十分匮乏,而淡水的长江江豚已经有了详细研究,其脉冲串特性非常不同。江豚发出的脉冲串平均间隔为5.1s且大部分脉冲间隔低于50ms。尽管中华白海豚和长江江豚的脉冲串特性不同,但仍然很难将它们严格的区分。因为脉冲串持续时间、脉冲串的脉冲个数和脉冲间隔在其波动范围内均有重叠,且脉冲串易受环境和行为的影响。

建议改进被动声学监测仪器,使其不但能提供脉冲串的信息还能同时提供时域和频域的信息。此措施能有助于区分这两种物种,提供精确的自然栖息水域中华白海豚的种群丰度和出现频次数据,同时能进一步促进中华白海豚的管理和保护。

2.12　中华白海豚个体听觉能力

中华白海豚的听觉能力的揭示是定量评估噪声对中华白海豚影响的基础。大脑诱发电位法已被成功地应用在豚类的听觉能力研究,其中包括长江江豚、佩里塞尔突吻鲸(Gervais' beaked whale, *Mesoplodon europeaus*)、白喙海豚(White-beaked dolphin, *Lagenorhynchus albirostris*)、长鳍领航鲸(Long-finned pilot whale, *Globicephala melas*)以及加拿大突吻鲸(Blainville's beaked whale, *Mesoplodon densirostris*)。

2.12.1　实验动物及研究方法

实验动物一头为2007年8月搁浅于我国广西北部湾水域,目前被人工饲养于南宁动物园的雄性中华白海豚,在听觉实验开展时,其年龄约为13岁;以及一头为2012年3月搁浅于珠海水域的年龄约为40岁的老年雄性中华白海豚,见图2-13。

a)青年个体

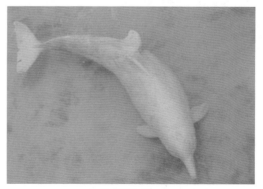
b)老年个体

图2-13　实验动物

在海豚头脑表层吸附吸杯电极,同时在其背部吸附一个参考电极,对海豚肠播放信号并记录动物对不同声音刺激所产生的大脑电位变化这种无损伤方法获得动物的听力阈值曲线,见图2-14。

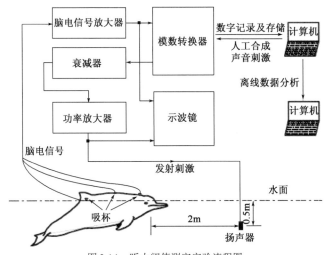

图 2-14　听力阈值测定实验流程图

青年海豚在实验前经过吸杯佩戴训练,即动物在实验期间能够保持在水体表面。老年海豚则使用担架将动物保持固定。

声音刺激为间歇性的脉冲串,每个脉冲串的持续时间为 20ms,随后有一段 30ms 的间歇期。即声音刺激物的发生频率为 20 次/s,每个脉冲串又由持续时间为 0.25ms 的余弦包络信号以 1kHz 的脉冲发生频率组成。

声音刺激的运载频率为 5.6、11.2、22.5、32、38、45、54、64、76、90、108、128、139 以及 152kHz。动物在感受到声音刺激后引发相应的脑部电位变化,通过高灵敏的电极将这些微弱的电位变化记录到,通过 FFT 转换可以得出相应的反应强度。实验过程中所使用的声音刺激在水体中播放出来的时间和频率特性可通过对含放出的信号进行重新录音并分析(图 2-15)。获得的在不同声刺激探测声压级下不同的包络诱发点位反应,可以进行相应的回归分析,该回归曲线在 0 值反应处的声压级(dB)就是该频率的反应阈值,见图 2-16。

2.12.2　中华白海豚听觉能力

不同年龄段的中华白海豚的听力阈值都呈现出 U 形曲线,青年个体和老年个体的听觉最灵敏的区域(与听觉最低阈值的差值小于 20dB 的频率范围)分别为 20 ~ 120kHz 和 8 ~ 64kHz (图 2-17),青年个体的听觉曲线的绝大多数阈值都低于 90dB(涵盖了频率范围从 11.2 ~ 128kHz),青年个体和老年个体的听力最灵敏的频率分别为 45kHz 时的 47dB 以及在 38kHz 时的 63dB,青年个体在低频和高频区域听力阈值变化幅度较大,在低频时海豚的听力阈值以 11dB/倍频程的速率上升,在 5.6kHz 时达到了 93dB,在高于 108kHz 的高频范围,海豚的听力阈值以 13dB/倍频程的速度增加,并在 152kHz 时,达到 127dB。相比青年个体,老年中华白海豚的听力曲线整体向低频以及高阈值方向偏移,即老年中华白海豚对高频信号的接收频率范围相比于青年个体要窄 30～40kHz,同时它对 32～76kHz 范围内的声信号的听力阈值要比青年个体高将近 10～20dB(图 2-17),此外老年中华白海豚所发出的高频回声定位信号的峰值频率和中心频率要低于青年个体所发出的回声定位信号近 16kHz。老年中华白海豚的这种对高频听力范围的降低以及相对较低的回声定位峰值频率和中心频率很有可能是因年龄的增长而引发的听觉损失,即老年性耳聋。

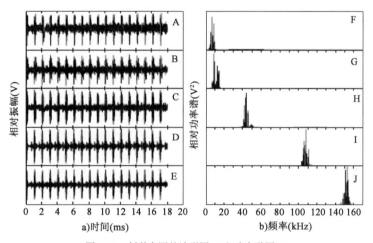

图 2-15　刺激声源的波形图 a) 和功率谱图 b)

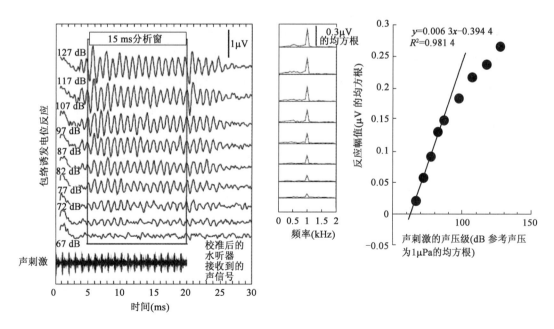

图 2-16　中华白海豚对不同声压级的规则脉冲串的包络诱发电位反应图

注:声刺激探测声压级与包络诱发点位反应的回归曲线在 0 值反应处的 dB 数就是该频率的反应阈值。

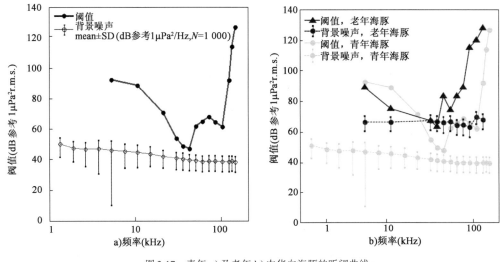

图 2-17　青年 a) 及老年 b) 中华白海豚的听阈曲线

注：r. m. s. 为均方根。

2.13　中华白海豚声学保护技术研究现状及发展趋势

中华白海豚是一类生活环境特殊、对水下声信号敏感的动物,并且其生活水域与人类涉海活动区域部分或完全重叠。因此,在岸带开发、涉海建设、船舶航行、渔业捕捞等活动中,应充分保护中华白海豚的栖息地及种群。

保护生物学关注的保护内容主要是栖息地原地保护和种群的易地保护。对中华白海豚而言,目前的分布范围较广,并且在某些区域其种群数量相对较丰,所以考虑更多的是原地保护。原地保护主要是维持中华白海豚自然栖息地的环境状况及环境质量,但是人类活动的从根本上而言是破坏栖息地环境和降低栖息地质量,因此,必须寻找合适的途径缓解人类活动的影响。

声学保护是在人类认识齿鲸类动物具有灵敏的发声和受声能力之后开始的,并且早期主要针对渔业活动过程中小型齿鲸类动物的保护。随后,声学保护措施随着人们对鲸类动物保护关注程度的加强,以及声学技术的发展而逐渐得以发展。目前,声学保护技术作为一项主要的保护措施在不同种类的齿鲸类动物的保护中被较广泛地应用。

2.13.1　国内外研究现状

国外的声学保护技术首先在渔业活动中应用,比如简单的噪声驱赶、水下发声器驱赶、使用带有自动发声装置的网具等。尽管在不同规模的渔业活动中有应用,但是到目前为止,声学保护技术并未完全替代其他的保护措施,声学保护仍只是综合保护的技术措施之一。声学保护技术发展受限制的原因主要是应用环境的复杂性。齿鲸类动物的栖息环境多样,并且与鱼类活动水域密不可分,在应用声学保护技术的过程中,受水深、海流、底质、鱼群大小及移动速度,以及网具形式、规格等影响,选择最佳的声驱赶措施具有一定的难度,尤其是在控制声驱赶的频率组成、强度变化等方面更具有挑战性。对鲸类动物而言,声保护是相对的,如果控制不当,声保护极可能变成"声伤害",不但达不到保护的目的,反而对动物的正常生理过程、行为活动等造成影响和伤害。

国内的相关研究较少,主要是传统的声驱赶,技术条件和操作形式相对简单。早期在厦门水域的海上施工过程中,为了保护中华白海豚,避免中华白海豚进入施工海域,采用移动声屏障技术保护中华白海豚。尽管技术和形式简单,但是对小尺度、定点的海上施工过程中中华白海豚的保护具有一定的效果。此外,在爆破施工作业期间,采用水下气泡帷幕技术保护中华白海豚也做了尝试。该技术在厦门水域应用之前,在香港水域的水下施工中也有应用,并且效果较好。在珠江口港珠澳大桥的涉水施工中,受条件限制,尚未有新的声学驱赶技术应用。

简言之,声学保护是一项有潜力的技术,但是在目前条件下,尤其是对动物发声、受声、行为等了解不充分的情况下,难以形成针对性强、适应性广、成本低廉、操作简便的声学保护措施。

2.13.2 相关规范、标准、导则

目前,尚未有被普遍认可的声学保护规范及标准,但是采用声学驱赶仪的技术已经有成型的产品,并且形成了一定的市场需求。以下以 Fumunda 的产品为例对声驱赶仪的技术标准参数做介绍。电子声学驱赶设备主要分为以下两大类,声学威慑设备和声学骚扰设备(表 2-5)。

两类电子声学驱赶设备　　　　　　　　　　　　　　　　　表 2-5

项 目	带 宽	声 源 级	工 作 原 理
声学威慑设备	10 ~ 100kHz	<150dB	低功率,对动物进行预警,提醒它们存在一些非天然结构譬如渔网,来保护海洋哺乳动物
声学骚扰设备	5 ~ 30kHz	≥170dB	高功率,主要针对海豹和海狮,通过对动物造成不适将其从海水养殖渔场赶走

Fumunda Pinger(驱赶仪)的频率分别为 10kHz 和 70kHz,其中 Fumunda 10kHz Pinger 的声压级 132dB(±4dB),Fumunda 70kHz Pinger 的声压级 145dB(±4dB)。Fumunda 10kHz Pinger,驱赶音持续 300ms,然后有一段约 3.7s 的间歇期,也就是说驱赶音的发出频率为 4s/次。Fumunda 70kHz Pinger,驱赶音持续 300ms,和 10kHz Pinger 一样,随后会有一段约 3.7s 的间歇期,该类 pinger 的驱赶音的发出频率也为 0.25Hz(图 2-18)。

Fumunda Pinger 的声压级大于海豚听力阈值的部分可以用于抵消在水中传播过程中的衰减,声音在水体中传播过程中的衰减公式如下:

$$TL = 20\lg(R) + a \times R$$

式中:R——声音传播的距离,m;

a——衰减系数,它受到水温,气压,频率等环境参量的影响。在温度为 20℃,盐度为 35‰,大气压等于 1atm 时,对于频率为 10kHz 的声音而言 $a = 0.6 \times 10^{-3} \text{dB/m}$;对于频率为 70kHz 的声音而言 $a = 2.09 \times 10^{-2} \text{dB/m}$。

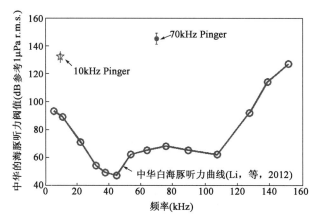

图 2-18　Fumunda 10kHz 和 70kHz Pinger 的声压级和青年中华白海豚听阈曲线

注:r. m. s. 为均方根。

也就是说在较好的天气状况时(蒲福值 = 1),10kHz 可用于衰减的分贝数为 42dB(表 2-6),即可以抵消在水体传播 125m 所产生的衰减,而 70kHz 可用于衰减的分贝数为 78dB,即可以抵消在水体传播 904m 所产生的衰减。

Fumunda Pinger 的作用参数　　　　　　　　　　　　　　　　　　表 2-6

驱赶仪(kHz)	声压级(dB)	听力阈值(dB)	声压级—听力阈值
10	132	90	42
70	145	67	78

2.13.3　研究面临的关键问题

有关声学保护研究目前的关键问题如下:

(1)保护对象的发声、受声、行为特征及个体间的差异性。这是保护的基础,以及声学保护技术和措施设计及实施的出发点,目前只有瓶鼻海豚在这些方面有较多和较深入的研究,而像中华白海豚等齿鲸类动物则研究极少。

(2)声学保护与声学伤害的分界线问题。鲸类动物对声音极其敏感,这也是声学保护的立足点,但是正因为动物对声音敏感,则可能出现"保护过度"现象,即用于驱赶动物的声音因强度、频率组成、距离因素等发生变化,而变成了对动物有害的声音,导致动物的行为紊乱、母仔分离,甚至导致动物生理异常和永久性伤害等。正因为"分界线"难以掌握和确定,所以声学保护技术始终难有大的突破。

（3）成本及操作方面的制约。在海洋渔业及海洋施工中，所涉及的水面通常以公里长度计，无论是船舶驱赶还是声驱赶仪驱赶，运行成本是必须考虑的事情。以最简单的声驱赶仪为例，单个价值约500美元，但是单个的有效范围有限，在施工现场必须布置十几个或几十个才能形成保护圈，有效包围施工现场，避免海豚进入施工圈。声驱赶仪的电池寿命有限，更换电池也需要成本。因为成本相对较高，所以对施工企业来讲，通常都不会主动购买这些设备。另外，布置和回收这些驱赶装置需要人工和材料，同时还需要看护。因此，即便施工企业购置了这些装置，他们多不愿意再投入人工在施工现场安置。

第3章　中华白海豚面临的主要威胁及其缓解措施

目前,珠江口中华白海豚种群已被证实是该物种在全球分布范围内最大的种群,该水域相对丰富的鱼类资源为其提供食物保证。而港珠澳大桥工程建设的主体工程位于珠江口中华白海豚国家级自然保护区内,大桥工程建设施工将破坏珠江口伶仃洋部分海床的原生态,一些鱼类的繁殖场将受到破坏,继而导致渔业资源的减损,由此带来的食物紧张以及施工噪声等干扰将给中华白海豚的生存带来较大的影响。1999年建立珠江口中华白海豚省级自然保护区,2003年升级为国家级自然保护区。通过十多年的调查、研究和宣传,在中华白海豚及其栖息地的保护方面取得了一定的效果。

3.1　珠江口中华白海豚保护现状

3.1.1　中华白海豚活动与分布范围

珠江口是亚热带河口水域,伶仃洋一带水域宽阔,由于其适宜的水温和盐度条件、雄厚的饵料基础和相对幽静的海底和海岸生态环境,成为中华白海豚栖息生活的理想场所。

珠江口的中华白海豚群体,主要分布在河口的伶仃洋、万山列岛和香港西部水域。中山大学联合广东珠江口中华白海豚国家级自然保护区管理局进行的资源调查显示,伶仃洋海区海豚分布的北界在深圳机场以南,南界在东澳-小蒲台岛以北,在东侧的大铲岛、深圳湾、龙鼓洲和大屿山沿岸,西侧的香洲湾外和澳门对开海面,均有中华白海豚分布。观测结果显示:珠江口东部海域(即内伶仃洋海域,包括淇澳-内伶仃岛、九洲岛、青州-三角洲岛),在2011年上半年有16头识别个体从淇澳-内伶仃岛周边海域迁移至青州岛周边海域活动,2011年下半年有18头识别个体从青州-三角洲岛迁移至九洲岛-香港大澳以北的海域活动。中华白海豚在夏季活动范围较广,珠江口东西部中华海豚个体此时在澳门机场至青州-三角洲岛之间的局部海域发生活动重叠,可形成临时群体,但随后分散回到各自活动海域范围。除此之外,珠江口东西部在2011年并未记录到重复个体。依此可初步判断,在内伶仃洋海域活动的中华白海豚为一个紧密种群。

3.1.2　中华白海豚栖息地生态环境

3.1.2.1　适宜的水温和盐度条件

中华白海豚出现的水域水温和盐度量值范围很宽,但是根据它多分布于亚热带近海水域,特别是河口水域这一特性,考察其在不同水温、盐度条件下出现的频率,可以大体上掌握其喜居的水温和盐度范围:水温 25 ~ 33℃,盐度 18‰ ~ 33‰。根据中山大学 2011—2018 年对中华白海豚资源调查结果和中国水产科学研究院南海水产研究所 1997—2000 年两次中华白海豚资源调查结果分析,至少对于珠江口中华白海豚群体来说,上述两项数值范围基本符合实际情况。

3.1.2.2　较丰富的饵料资源

珠江口伶仃洋水域属热带和南亚热带河口区,水产资源相对丰富。中华白海豚的主要活动范围为大铲岛以南至万山群岛以北一带水域,在这个区域内游泳生物资源蕴藏量可达 1 万 t 以上的水平。南海水产研究所对珠江口渔业资源研究表明,在一项周年调查中就鉴定了 154 种鱼类(包括少量仅在大铲岛以北水域出现的淡水种),较丰富的鱼类资源为白海豚在这一带海区栖息繁衍提供了较丰富的饵料资源。

中华白海豚以多种河口小型鱼类为主要饵料,包括棘头梅童鱼、凤鲚和银鲳等。根据文献报道,中华白海豚的摄食对象远不止这些,还有其他鱼类、头足类和甲壳类等多种海洋生物。

3.1.3　广东珠江口中华白海豚国家级自然保护区现状

3.1.3.1　保护区地理位置

珠江口中华白海豚国家级自然保护区的地理范围为珠江口内伶仃以南、桂山以北,淇澳岛以东,香港大屿山以西的 460km² 水域。保护区核心区为 1.4 万 km²。2003 年 6 月经国务院批准珠江口中华白海豚自然保护区正式成为国家级自然保护区。2003 年 8 月经国家和广东省有关专家考察论证,并经广东省海洋与渔业局有关部门实地调查,将珠海淇澳岛定为广东珠江口中华白海豚国家级自然保护区基地。

香港特别行政区政府为配合国家级自然保护区的建设也做了许多工作,在香港西侧的沙洲岛及龙鼓洲一带的珠江口水域划出 1 200hm² 海域设立了"沙洲及龙鼓洲海岸公园"。香港海洋公园还设立了"鲸豚保育基金"。

珠江口中华白海豚国家级自然保护区分三个功能区:

核心区:东边以香港特别行政区边界为界,西边为东经 113°46′00″,南北范围为北纬 22°13′ ~ 22°22′。核心区面积 140km²,是原生自然景观最好的地方,是遗传基因库的精华所在,需采取绝对的保护措施,免受人为的干扰破坏。核心区作为深入研究生态系统自然演化的场所,可为人们提供各种标准的"本底"资料。因此,禁止任何船只进入该区域内从事可能对资源造成直接危害或不良影响的活动;若确因科学研究需要进入该区域的,须向保护区管理局提出申请。

缓冲区:东边以香港特别行政区边界为界,西边以东经 113°43′为界,南北范围为北纬 22°11′~22°24′。缓冲区面积 128km²,位于核心区的周围,其作用是保护核心区免受外界的影响和破坏,起到一定的缓冲作用。经广东省海洋与渔业局批准,在保护区管理局统一规划和引导下,可有计划地组织经济开发活动。

实验区:东西范围为东经 113°43′~113°40′,南北范围为北纬 22°11′~22°24′。实验区面积 192km²,位于保护区的边缘,以发展本地区特色的生产经营为主,如发展自然保护区野生动物饲养与驯化等,建立资源多层次综合利用的生态良性循环体系。经保护区管理局批准,可在划定范围内适当组织生态旅游、科学考察、教学实习等活动,但不得危害资源和污染环境。

3.1.3.2 保护区周围海底和海岸生态环境

保护区对珠江口来说是一个相对自然度较高的幽静水域。内伶仃岛 50 年来都是由部队(陆军)进驻,这里没有渔港,岛上长期没有常住居民,部队并没有对岸周围进行经济开发。

香港大屿山西侧在新机场建设以前,也一直是未被开发的处女地。在回归后,香港特别行政区政府已经注意到保护中华白海豚的问题,建立了海洋公园。直到现在,大屿山西侧,在沙洲龙鼓洲附近保持一小段自然岸线。保护区一带海底生态的自然性的维持,也得益于广东省政府发布的"经济鱼类繁育场"和"幼鱼、幼虾保护区",在保护区内严禁拖网作业。

3.1.3.3 保护区管理职责

广东珠江口中华白海豚国家级自然保护区的建立不但最大限度地减少了人类活动对该水域的干扰,在挽救濒危的中华白海豚种群同时,也保护了珠江口水域自然环境的生物多样性,修复了海洋生态系统,增殖了渔业资源,为经济可持续发展提供了保障。保护区域规划的总体目标是保护该物种在自然保护区及其附近海域生存和繁衍,使该物种资源得到永续的发展和利用。

保护区管理的职能范围包括:贯彻执行国家有关自然保护区的法律法规和政策,拟定自然保护区的总体规划和各项管理制度,查处保护区内伤害中华白海豚及破坏其栖息地的违法行为,统一管理自然保护区;调查自然资源并建立档案,组织环境监测,保护自然保护区内的自然环境和自然资源;组织或协助有关部门开展相应的科学研究工作;进行自然保护的宣传教育。

3.1.3.4 保护区现状

保护区范围内,尤其是核心区与香港沙洲及龙鼓洲海岸公园连成一片的水域,无疑是我国沿海中华白海豚分布最为密集的区域。这里能成为海豚栖息活动的密集区,主要原因有:首先,珠江是我国华南地区最大的河流,年径流量达 3 124 亿 m³,出海口的伶仃洋水域宽广,面积约 1 300km²,气候温暖,水温和盐度条件与中华白海豚喜栖于热带和亚热带河口咸淡水交汇区的习性相吻合;其次,该水域是咸淡水交汇处,珠江径流带来大量的陆源冲积物使营养盐变得十分丰富,初级生产力极高,因此水生生物资源丰富,是多种鱼虾类的产卵场和繁育场,水产资源蕴藏量达 1 万 t 以上,能为中华白海豚提供足够的食物;此外,保护区的核心区域自然性(度)较高,水质环境较好,在内伶仃岛沿岸和大屿山岛西侧,仍保留有未被开发的自然岸线。因此,尽管这一带是经济繁荣、船舶频繁穿梭的水域,中华白海豚仍然选择在这里生活及繁衍。根据近年来的持续观测,可见内伶仃岛西南边海域有大量中华白海豚活动,并沿着西侧向南延伸至青州—三角洲附近海域。但在各航道交汇处中华白海豚分布较少。

广东珠江口中华白海豚国家级自然保护区管理局目前按照规划,将保护措施分为保护行动、保存行动和保育行动三大部分:加强科学技术研究,积累种群生态与生活习性等科学资料;建立中华白海豚馆,开展实验生态、繁殖生理与遗传、生物声学研究;建立基因库及对克隆等技术积极进行筹备,为完善异地保护积累前期资料。

3.1.3.5 保护区物种保护成效

根据中山大学 2011—2018 年对泛珠江口水域中华白海豚资源监测结果,泛珠江口中华白海豚目前的资源蕴藏量约为 2 000 头以上,为这个物种保存提供了比较可行的基础。只要对此有足够的重视和投入,物种的保存有望成功。

1993 年的海岛海域渔业资源调查显示,珠江口水域出现的枪乌贼类有 15 种,甲壳类 30余种。万山群岛以北大铲岛以南一带水域中游泳生物资源可达 1 万 t 以上,如此大的生物资源蕴藏量为中华白海豚的栖息繁衍提供了相对充足、丰富的饵料基础。中华白海豚在珠江河口水域分布广泛,种群组成比例较完整,各年龄阶段的海豚均占有一定比例,具有一定的繁殖规模。特别是在秋季,在海上经常可以见到一些刚出生的幼豚跟随母豚活动,说明在珠江口不断有新生代繁衍,能使中华白海豚群体不断得到补充,为中华白海豚的研究和保护工作奠定了物质种群基础。

3.2 我国海洋保护工作面临的形势

3.2.1 海洋生态文明建设的迫切要求

海洋生态文明建设作为我国生态文明建设的重要内容之一,不仅关系到海洋事业的健康发展,更是实现我国经济社会全面协调可持续发展的重要保障。建立海洋保护区是维护海洋生态安全的重要举措,是促进人与自然和谐、落实科学发展观、建设生态文明的必然选择。因此,海洋和生态文明建设战略思想给海洋保护区建设管理工作提出了更高的要求。我国的近岸海域,虽然做了些治理,包括节能减排制度的实施,情况有好转,但是已经造成的污染有可能是不可逆转的。总的来说除了人为的环境破坏以外,由于淡水的注入量的减少,整个河口地区生态情况发生一些变化,海水的含盐量高、盐度发生变化,其生态环境也同时发生变化。因此,环境的问题要从生态的方面进行考虑,在新的形势下,海洋生态文明建设已变成迫切的任务。

3.2.2 海洋经济快速发展带来的压力

沿海地区社会经济依托于海洋得到快速发展,海洋经济呈现飞速发展的势头,全国海洋经济增长速度连续几年高于同期国民经济的增长速度。随着海洋经济的飞速发展,海洋生态承受的压力不断加大,海洋开发与保护的矛盾日渐加剧,海洋生态系统健康的维护和功能的合理利用成为当今海洋保护和开发的焦点问题之一。

在当前十分严峻的海洋生态保护形势下,现各省市都有国务院批准的发展战略,都已列入国家的发展要求。这些规划基本上都是以港口交通运输和临港工业园区建设和围填海等作为新的经济增长点。目前有些海域开发过度,从整体上看,开发的压力也越来越大,在现有污染没有得到控制、休养生息没有保障的情况下,再注入新的污染,生态恢复各方面就比较困难。所以,作为海洋环境保护工作者如何处理好这些矛盾是一项长期的任务。

3.2.3 国际海洋保护区发展趋势

在全球范围内,海洋酸化、气候变暖、海平面上升、污染及过度捕捞等引发的海洋生物多样性降低及海洋保护区建设的问题已经引起国际社会的普遍重视。美国、英国、加拿大、澳大利亚等一些沿海国家通过建立海洋保护区来保护本国周边海域资源,取得了良好的生态效益和社会效益。然而,全球海洋保护区网络的目标进展缓慢,海洋保护区总面积仍不足全球海洋面积的1%,明显地落后陆地保护区网络的建设速度。有些国家从战略的角度建立保护区,在大洋划立大范围的区域作为保护区,通过采取建立保护区的形式限制其他一些行为,环境外交在海洋方面有着明显的表现,以保护区作为切入点,也是维护国家权益的需要。

3.2.4 海洋保护区建设管理制度体系尚未健全

目前除《中华人民共和国海洋环境保护法》和《中华人民共和国自然保护区条例》外,直接涉及海洋保护区方面的配套制度尚处于部门规范性文件的层面,相关管理制度的法律层次偏低,强制性、约束性不足,不能很好地适应海洋保护区建设管理工作的需要。

3.3　中华白海豚面临的主要威胁因子

中华白海豚多栖息在内海港湾及河口一带,在我国水域主要划分为五个种群(Chen 等,2009),分别分布在泛珠江口水域(包括香港水域)、广东雷州半岛东部海域、广西北部湾水域、厦门水域和台湾海岸水域等。其中珠江口水域种群数量较为稳定,是中华白海豚一个主要的种群所在地。中山大学联合广东珠江口中华白海豚国家级自然保护区管理局连续 3 年的资源监测结果显示,泛珠江口(包括香港水域)中华白海豚群体总数整体趋于稳定,但东部群体明显呈现严重老龄化。低出生率或低幼儿存活率是造成这一群体老龄化的主要原因。考虑到中华白海豚生殖周期较长和性成熟年龄较晚,低出生率或低幼儿存活率的现象很可能在 20 世纪90 年代已经存在,并通过长时间的累积作用才形成东部群体现今的种群年龄结构。因此,目前珠江口海域中华白海豚的生存状态仍不乐观。对中华白海豚群体的生存产生威胁的因素有许多,且这些因素相互叠加,其中主要的是来自人类活动的影响,包括:挖沙填海、渔业活动、海洋工程、水体污染、海岸工程和海上交通运输。

珠江口沿岸的化工厂、造纸厂、电镀厂等各类工业废水排入珠江口,破坏了中华白海豚的生存环境。据中山大学研究发现,中华白海豚体内部分种类重金属含量特别是镉和汞等重金属元素严重超标。中华白海豚是食物链顶端的哺乳动物,重金属元素可通过食物链累加,在其体内起富集作用,可能会对中华白海豚的健康和种群生存造成威胁。

珠江口渔业资源的减少也是影响中华白海豚生存的重要原因。人为捕捞活动的急剧增加,中华白海豚可选择的食物数量也随之减少。近海圈养鱼业的发展也给海豚的生存带来了威胁。圈养鱼网挤占了中华白海豚的生存空间,尤其是白海豚喜欢的天然海岸线,导致它们的活动范围越来越小。因此,造成珠江口水域中华白海豚低出生率的主要原因包括渔业资源下降和海洋生存环境的持续恶化,这两个因素会相应增加动物个体间的恶性竞争甚至雌性个体的交配压力,进而造成不平衡的性别比例和低出生率。造成中华白海豚幼儿存活率低的主要原因还可能包括过度频繁的海面航运。研究人员曾在内伶仃西侧观察到一群哺幼群体(8 头成年个体)在照顾一头新生的幼豚。但在 2h 后该群体被增加的航运船只冲散。失去成年中华白海豚的陪护和照顾,幼豚的存活率很可能会降低。

珠江口每日过往的渔业生产、货运、客运、施工等船只不计其数,如此多的海运需求,繁荣了海上贸易,也对生存在这一海域的中华白海豚带来了极大的威胁。过多过快的船只会撞伤甚至撞死中华白海豚。珠江口中华白海豚搁浅死亡案例显示,被船只的螺旋桨打伤或致死的中华白海豚屡见不鲜。

在内伶仃洋西岸几乎遍布填海或岸线改造工程,而在东岸大屿山一侧仍保留较为完整的天然海岸线。与之相对应的是内伶仃东侧的海豚分布和活动显著高于西侧。又如三角岛西侧为早期开发石矿所遗留的简易码头和人工滩涂,东侧为保存状态良好的天然岸线,三角洲周边海域所记录的海豚捕食和社交活动几乎全部发生在东侧。海岸工程对海豚分布和活动所造成影响的具体机制目前尚不清楚,但从相关性上可以看出天然海岸线对中华白海豚生存的重要性。目前珠江口西部(即横琴-高栏之间)仍保存大量的天然岸线,但横琴岛和高栏岛的开发对西部海豚群体生存状态的影响不容忽视。

3.4 港珠澳大桥工程建设对中华白海豚的影响

关于港珠澳大桥工程建设对珠江口中华白海豚的影响问题,经过了一系列针对性的研究后认为,大桥横穿保护区,对中华白海豚将产生不利影响,但同时,大桥建成后可减轻航运压力,会在一定程度上降低中华白海豚受到高速船只威胁的风险。大桥工程建设施工对中华白海豚的影响主要有:大桥将永久占用一部分自然保护区的海床,迫使中华白海豚的生境减少;施工期水下爆破作业可能直接伤害中华白海豚,其产生的震荡波可能会损伤中华白海豚体内的器官;水中噪声可能会对中华白海豚的生活造成不同程度的滋扰;施工产生的混浊区中的悬浮物、环境污染物等也可能会对中华白海豚造成不同程度的影响。因此,在港珠澳大桥工程建设过程中,应该要采取各种有效可行的措施来缓解其对中华白海豚的影响。以下将对港珠澳大桥建设过程以及营运期间可能对中华白海豚产生的影响作归纳总结。

3.4.1 施工干扰导致中华白海豚的生境减少

海洋工程将无可避免地减少海豚的生境。港珠澳大桥走线经过中华白海豚的主要栖息地,还将穿越中华白海豚国家级自然保护区的核心区、缓冲区和实验区(长度约为18km),由于工程需兴建200多个桥墩,还需填海兴建人工岛及海底隧道,将会永久占用一部分自然保护区的海床,所以大桥工程将直接令中华白海豚失去一些重要的栖身地。

《港珠澳大桥工程海域使用论证报告书》所申请的海域使用面积:跨海大桥工程的用海面积为354.66hm²、两个海中人工岛的用海面积为80hm²、海底隧道的用海面积为37.4hm²;珠海、澳门口岸人工岛的用海面积为162.4hm²、珠海侧连接桥的用海面积为5.54hm²。整个工程占用海面面积共超过640hm²(不包括香港水域),即6.4km²,其中已包括施工范围的沿线外扩部分。

相对整个珠江口中华白海豚种群栖息地的面积(超过1 800km²)而言,6.4km²的海床减少并不是太显著,而且大桥需永久占用保护区内的海域范围实际上比"海域使用论证报告书"内的面积小。但另一方面,大桥所占用的面积均在中华白海豚的主要栖息地,而上述占用海面面积只包括大桥珠江段的水域范围,并未包括香港水域范围的占用海域面积(大屿山西北水域的海豚密度相对更高),因此,整条港珠澳大桥对中华白海豚的长远影响值得关注。

Hung 等(2004)的研究表明,中华白海豚个体有相对固定的活动范围,该范围仅占种群分布区的一小部分,活动范围最小仅 9.55km²,最大的有 303.84km²,但多数海豚个体的活动范围在 50～100km² 之间。港珠澳大桥走线将经过中华白海豚的主要分布区,因此受影响的海豚数目较多,施工区挤占了它们的习惯活动空间。

但是同许多其他种类的哺乳动物一样,当工程施工完成后,白海豚可能恢复其原来的活动范围,有的迁移到较远水域的海豚可能还会回迁。除季节性变化以外,过去 10 年在香港水域的海豚数量大致稳定,没有明显的上升或下降趋势。

2011—2018 年,中山大学开展了珠江口中华白海豚资源调查,结果表明珠江口中华白海豚的分布有较大的弹性空间,主要分布区不局限于保护区水域。中国水产科学院南海水产研究所根据 2005 年 2 月至 2006 年 1 月 12 个航次的白海豚截线观测结果,发现伶仃洋水域的中华白海豚目击分布较为均匀,没有出现东高西低的明显分布态势,不同于 1997—1998 年期间,东部的目击率明显高于西部水域。在这次调查中,中华白海豚在伶仃洋的分布范围较为分散,而非集中在中间的保护区。此外在过去较少发现中华白海豚的保护区南面水域,如青州一带水域,2005 年的 12 个航次调查中均发现中华白海豚的出现,并且目击率较高,与 1998—2000 年的中华白海豚分布有显著的区别。

3.4.2　施工期水下爆破作业对中华白海豚造成直接伤害

如果大桥工程施工期间需要进行水下爆破作业,其后果较为严重。大桥横跨珠江口中华白海豚分布最为密集的伶仃洋东部水域,并且大部分处在保护区范围内。根据以往的研究结果,伶仃洋水域各季节中华白海豚的平均密度约为 0.73 头/km²,冬季最高时可达 1.09 头/km²,其中,东部的保护区水域目击频率较高,因此保护区范围内中华白海豚密度各季节平均可能会略大于 1 头/km²。虽然在 2005 年 2 月至 2006 年 1 月的周年调查中发现中华白海豚的分布较为分散,但港珠澳大桥施工范围附近仍有相当数目的中华白海豚出没。目前关于水下爆破对中华白海豚的影响范围尚缺乏可供参考的资料,而且所用的炸药当量在不同影响范围也会不同,但声波在水中易于传播,影响范围会比较大。

由于很难采取有效措施确保受影响范围内没有中华白海豚出没,因此直接杀死或致伤中华白海豚的概率较高。工程爆破杀死或致伤中华白海豚是有例可循的,例如 1993 年 12 月珠海三灶岛新机场建设时,陆上的炮台山爆破直接导致附近水域数头中华白海豚死亡。

因为声波在水中更易于传播,而中华白海豚对水中的声波极为敏感,水下爆破所产生的强力震荡波能令中华白海豚受伤或死亡,或损伤中华白海豚身体内的器官。震荡波可能导致在附近水域活动的中华白海豚听觉系统严重受损,中华白海豚主要靠回声定位功能来探测周围环境,听觉系统受损将严重影响海豚个体的活动、信息传递和觅食等。另外,水下爆破还有其他不良生态效应,如杀死(伤)其他水中生物、产生悬浮物等。现时的初步设计显示香港段大桥并不需要进行水下爆破,但鉴于水下爆破对中华白海豚伤害的严重性,有必要强调在大桥设计中应尽量考虑避免在工程施工阶段使用水下爆破作业。

3.4.3 施工噪声的影响

施工引起的水中噪声污染源大致可分为几类:打桩、重型机器操作及海床挖掘等。由于中华白海豚需利用声音以侦察周围环境并与同伴沟通,水中噪声可能对它们的生活造成不同程度的滋扰。

撞击式打桩所发出的高频噪声会严重影响海豚的听觉。短期内这些噪声会增加它们的压力并改变它们的行为,而长期则可能令它们迁离原本的栖身地、令它们受伤甚至死亡。香港曾试验用"泡沫屏障"缓解撞击式打桩产生的噪声。研究指出,因泡沫能吸收噪声的能量,因此使用"泡沫屏障"将整个打桩工程范围包围起来,能有效减轻噪声的扩散。然而,根据陆上观察数据,即使已使用泡沫屏障,中华白海豚的行为及游速仍会因撞击式打桩活动而改变,中华白海豚在施工范围内的数目仍然是明显减少。所以兴建桥墩时,应尽量避免利用撞击式打桩方法,而改用制造较低噪声的钻探式打桩方法,以减低对施工区内中华白海豚的影响。

港珠澳大桥施工期间,将有大量低频噪声由重型机器操作及海床挖掘所造成,这些操作活动产生的噪声一般只在较低的频段如 20~1 000Hz 具有较高的能量。而体长 3~4m 的小型齿鲸类对于频率在 1kHz 以下声波的反应不很敏感,尽管如此,它们还是会听到该波段中的许多声音,并且邻近的强噪声甚至会引起它们行为改变、沟通受到干扰以及生理和器官的损伤等。由于中华白海豚一般利用较高频率的声音(大于 10kHz)进行觅食及沟通,而重型机器操作及海床挖掘所产生的噪声大都是 1kHz 以下的低频率,因此推测这对中华白海豚的滋扰将不太显著,其他研究亦指出固定的挖掘工程对小型鲸豚的影响有限。但值得注意的是,当上述的水中噪声长时间出现(如海床挖掘工程),或产生的部分低频噪声具有较高的能量,或部分机器零件可能产生高频率的声波,以上任一情形的出现,工程活动仍有可能影响到中华白海豚的正常生活。这些影响不容忽视,故工程期间亦应监测水中噪声的水平,并观察中华白海豚的行为变化。

无论是高频噪声或高能量的低频噪声,如果发生在 4~8 月繁殖高峰期,影响会比较复杂。交配的中华白海豚属成年个体,回避能力较强,影响相对较小;产仔过程中的母豚回避能力较弱,影响较大;刚出生幼豚高度依赖母豚,噪声干扰可能会造成母幼失散。中华白海豚对危险噪声的识别能力较强,游动能力较强,一般情况下会产生回避。在珠江口海豚调查中常遇到这样的现象,携带刚出生幼豚的中华白海豚群体总是游离调查船 200m 开外,可能是在保护幼豚。另外,水生哺乳动物不似鱼类等水中排卵受精动物,对繁殖环境的条件有特殊要求(如特定的水温、盐度、底质和水流等),中华白海豚转移到一个新的环境繁殖行为也可以正常进行。

如保护区内的中华白海豚在施工期间无法忍受施工噪声的滋扰,可能会向其他水域转移,因为伶仃洋北部水域的人类活动较为频繁,而南部和西部口门水域的人类活动相对较少,且水域广阔。因为该种群的分布空间较为广阔,在采取严格防范措施的情况下施工,至少不会给种群带来灾难性的影响。

3.4.4　施工混浊区的影响

3.4.4.1　悬浮物的影响

人工岛和沉管隧道的挖掘施工,以及回填的过程中势必令水中的悬浮物增加形成混浊区,致使水体透光度和含氧量下降。悬浮物增加或海水含氧量下降对鲸类动物的直接影响有限,因为鲸类动物是用肺呼吸空气的水生哺乳动物,有别于用鳃呼吸水中溶解氧的鱼类,较不易受水中悬浮物增加的影响;而且,中华白海豚长期生活在水体浑浊的河口水域,其视觉不发达,主要靠位于头部的回声定位系统来探测周围环境和识别物体,因此,水中悬浮物的增加不会直接影响中华白海豚的觅食、社交等活动。悬浮物的负面影响主要是可能会增加海豚体表感染细菌的机会,特别是新生的幼豚,但是考虑到中华白海豚可能会回避施工噪声滋扰,远离混浊区,受到的影响可能会比较小。

悬浮物的扩散会不同程度地使沉积物和底土中的污染物(如重金属、有机氯化物、石油烃类)释放到水体中造成二次污染,虽然污染物的再度释放不会直接对中华白海豚造成伤害,但污染物将通过食物链的传递和累积残留在中华白海豚体内组织,长远来看可能会影响中华白海豚的健康。香港水域的研究表明,影响中华白海豚的污染物包括数种有机氯化物(如DDTs、PCBs)和重金属(如汞、砷)等。因此,在施工中应采用先进工艺,严格控制悬浮物的扩散。

3.4.4.2　环境污染物的影响

目前尚不清楚环境污染物会对中华白海豚产生多大的影响,但许多鲸豚专家相信,鲸类会因体内积聚过多的重金属及有机氯化物而令免疫系统受损。对许多鲸类的研究表明,母鲸在怀孕时会将DDTs和PCBs传给胎儿,Parsons等(2000)对中华白海豚初步研究的数据也显示有这种情况存在,这可能是新生中华白海豚高死亡率的原因。根据Parsons(1998)的研究,珠江口中华白海豚体内各类重金属中只有汞的含量比鱼类中的高得多,表明中华白海豚对汞有长期的生物富集作用,因此,汞的污染对中华白海豚有潜在的影响。

大桥工程产生的污染物释放(特别是汞和DDT,其含量在部分站位超过一类标准)将加重对中华白海豚的影响,但是这种影响不是即时的,其滞后期可能很长,长远来说将对中华白海豚,特别是新出生幼豚的健康造成损害。所以工程对水质的影响不容忽视,尤其是大桥桥墩水下基础施工将产生大量悬浮物及泥浆,令水质出现混浊的情况。因此,在设计大桥及施工方法时,必须考虑施工混浊区的不利影响,例如在基础挖掘的地方加上保护罩、在周围围上隔泥网,并在挖泥时利用封密措施,预防挖泥船溢流,可将海床挖掘或打桩所带来的水质污染减低。

大桥工程施工期间,将有大量工程船只在中华白海豚栖息水域内穿梭,因而增加小规模漏油或漏化学物事故的机会;同时,施工船舶亦会排放生活污水及污物,令施工海域的水质进一步恶化。由于珠江口的水流将可冲淡少量污水及化学物,因此相信这类污水排放对中华白海豚的影响较为轻微。但由于往来船只频繁,一旦发生海上突发事故,将可能造成大规模漏油或漏化学物品,对中华白海豚及其他海洋生物带来严重影响。

3.4.5 船舶碰撞风险

两个人工岛、沉管隧道和部分桥桩位于保护区内,施工内容较多,来往穿梭于保护区的船只类型和数量均较多。而保护区范围内的海豚密度较高,因此,船只碰撞海豚的风险较高,特别是在4~8月的繁殖高峰,正在生产的母豚和交配的海豚的回避能力较弱,影响会比较大。

根据香港特别行政区方面的资料,中华白海豚及江豚均有被船舶碰撞受伤及死亡的记录,受船舶碰撞致死的海豚,身上都有明显被船叶打伤的伤痕,或留有被碰撞后呈现的瘀血。在香港水域辨认的300多头中华白海豚当中,约有10%的个体曾经或很大可能被船舶撞击或渔网缠绕,在身上留下永久的伤痕。中华白海豚长期生存在繁忙的珠江口航道,对各种水上交通工具都比较熟悉,甚至有时会跟随航行的船舶玩耍。中华白海豚被船只撞伤的风险主要来自高速航行的轮船和渔船。高速航行的轮船也会使中华白海豚来不及回避而被撞击,另外,中华白海豚喜欢靠近正在拖网作业的渔船觅食,而渔船起网后的突然加速和转向也容易搅伤在船尾螺旋桨附近觅食的中华白海豚。因此,施工船只航行对中华白海豚的影响不能忽视,应采取防范措施。

3.4.6 具体施工活动的影响(表3-1)

具体施工活动的影响分析　　　　　　　　　　　　　　表3-1

施工活动	影响因素	影 响 程 度
桥墩桩基施工	高频噪声、饵料	打桩作业产生的高频噪声严重影响附近的中华白海豚; 桥墩占地区域内的底栖生物完全遭到破坏,会影响到中华白海豚的饵料来源
隧道、人工岛基槽挖泥	低频噪声、饵料及其他	挖泥区的底栖生物完全损失,可能会间接地影响中华白海豚的饵料; 挖泥使泥沙泛起,导致海水中的污染物含量增高,由于生物富集作用最终会影响到中华白海豚的饵料质量; 挖掘作业产生的低频噪声对中华白海豚也有一定影响
钢管基桩钻孔	低频噪声	钻孔作业产生的低频噪声也会影响附近的中华白海豚

施工活动	影响因素	影响程度
人工岛吹填	悬浮物、饵料及栖息地丧失	人工岛填海需要进行吹填作业，包括挖砂、吹填、溢流等过程，挖泥区的底栖生物完全损失，食物鱼类减少、悬浮物扩散、栖息地丧失等，可能造成中华白海豚的栖息环境的恶化
施工船舶	噪声、撞击	施工船舶噪声可能会给中华白海豚带来一定的影响； 施工船舶密集增加了撞击中华白海豚的风险
挖泥/沙	饵料、悬浮物等其他	挖泥区的底栖生物完全损失，可能会最终影响中华白海豚的饵料； 挖泥使底泥中沉积的重金属泛起，导致海水中的重金属含量增高，可能会最终由于其他生物富集作用而影响到中华白海豚的饵料质量
填海	饵料、悬浮物、重金属其他	填海造成中华白海豚基本生境的损失和栖息地的减少，属于不可逆转的影响； 口岸填海需要进行吹填作业，包括挖砂、吹填、溢流等过程，挖泥区的底栖生物完全损失、溢流口处悬浮物浓度增大等，均有可能对中华白海豚的栖息环境质量造成影响

3.4.7　渔业资源减损后的间接影响

大桥建设将破坏施工区及其附近海底的底栖生物群落，进而破坏底层鱼类的栖息环境和再生机制，致使渔业资源减损。研究表明，中华白海豚较喜欢猎食珠江河口的中上层鱼类。同时，施工中的海泥挖掘及倾泻亦会直接或间接影响施工海域的鱼类的正常栖息、活动及繁殖，并可能使它们回避水质混浊的地方，间接减少中华白海豚的食物来源。兴建人工岛需大量挖泥及在填海区倾泥，此举会永久破坏鱼类的栖息地及繁殖场所，造成渔业资源的永久性减产，从而减少中华白海豚的食物资源。

珠江口水域的渔业资源由于捕捞过度和环境污染等原因已明显衰退，中华白海豚可能已处在食物匮乏的边缘。研究表明，珠江口水域一些中华白海豚个体于2003年的活动范围比1999年时有所扩大，个别中华白海豚的活动面积增幅达164%，可能是因食物来源不足，中华白海豚需要更大的活动空间来保证其食物供给。大桥施工将进一步降低中华白海豚的食物保障，因此，非常必要采取其他生态补偿措施来提升渔业资源量，比如在邻近海域投放人工鱼礁，帮助渔民转业转产以减轻渔业捕捞压力等。

3.5　港珠澳大桥工程建设对中华白海豚影响的缓解措施

3.5.1　防范施工爆破

根据现时的初步设计，香港段大桥无须进行水下爆破，但鉴于水下爆破对中华白海豚的危害性较大，在大桥设计中应尽量考虑避免在工程施工阶段使用水下爆破作业，例如大桥选址时避开水下基岩、采用盾构施工法等。在未能找到替代方法而确实需要实施爆破的情况下,应采取一切可能的措施避免或降低其危害。例如:所有爆破均应严格确定所需的最低当量,并采取最低药量、分次爆破的方法;应采用询爆值和爆速低的炸药,以避免同时轰爆和降低振动效应;爆破点的外围均可采用水中气泡幕的方法大幅削减噪声超压;爆破之前应在爆破地点设立一定的监视和监测范围,确保该范围内没有中华白海豚出没;沉管隧道基槽开挖中的岩石爆破应在围堰内进行,并排干爆破点周围的积水和淤泥,使周围空气对强噪声的传播产生减缓作用,避免强噪声通过水体和固体进行传播。虽然采取以上防范措施可以一定程度上缓解水下爆破对中华白海豚的危害性,但在现阶段仍没有足够资料下结论,基于水下爆破直接造成的伤害的严重性,施工中如需要进行水下爆破作业,有必要根据具体的爆破需要进行个案论证,以评价其影响程度和所能采取的缓解措施。

3.5.2 施工噪声干扰的缓解措施

在讨论施工噪声干扰的缓解措施时,优先考虑次序为避免、抑减、补偿。由于保护中华白海豚的意义重大,缓解措施以避免不利影响为主,抑减及补偿为辅。大桥施工作业的机械类型较多,包括打桩机、钻孔机、挖泥船、交通运输船、真空压力泵、混凝土拌和机和卷扬机等。这些机械运行时产生的突发性非稳态噪声和振动将惊扰中华白海豚和其他水生动物,并使它们产生回避行为,如对强噪声回避不及,甚至有可能导致中华白海豚个体在生理器官上的损伤,因此,应考虑采取相应的避免或缓解措施。这里讨论的重点是水下作业类型,包括打桩、钻孔和挖泥。

3.5.2.1 撞击式打桩作业

对于撞击式打桩作业,其制造的高频噪声会严重影响海豚的听觉,短期内这些噪声会增加它们的压力及改变它们的行为,而长期则可能令它们迁离原本的栖息地,甚至令它们受伤致死。因此,此类作业方式最好能找到替代的作业方法,如果无可替代建议采用气泡幕等有效减缓措施。但是解决问题的根本出路在于工程噪声源强控制,采用先进技术降低噪声源头的强度,直至达标。如果采用环保型的油压式打桩机替代柴油打桩机,距离打桩机15m外的噪声源强可降低至50dB,达到我国《建筑施工场界噪声标准》(GB 12523—2011)关于打桩噪声源强不得大于85dB的规定。中华白海豚珠江口群体长期生活在繁忙的伶仃洋水域,除了有时会遇到雷鸣巨响的突然袭击以外,每时每刻还要受到来自人类的许多噪声干扰,比如小型快艇发出的噪声,声频和声强与打桩机相近,从几万张照片中发现约有10%的海豚受过机械损伤的事实可见一斑。目前国内外还没有建立关于中华白海豚对噪声忍受能力的量化临界值指标,但是通过上述分析和类比后认为,大桥工程撞击式打桩产生的噪声可以控制达标,在采取有效措施以后对中华白海豚来说这些影响是可以接受的。

20 世纪 90 年代以前,大多数工程是使用柴油打桩机进行撞击式打桩,发出的噪声比可接受水平超出近 20dB 或强四倍,对环境造成严重影响。此外,燃烧柴油更会喷出黑烟,污染空气。近年来打桩工程逐步由环保型的油压式打桩机替代。油压打桩机不仅像柴油打桩机一样能为建筑物打稳地基,同时能大幅度降低噪声源强,而且不会喷出黑烟,并容易装上抑制噪声的设备,大大降低了噪声和空气污染。柴油打桩机在 15m 外其噪声达到 100dB 以上,而油压打桩机的噪声则为 50dB,只有柴油打桩机的一半,大大地降低了噪声污染源强。

声源发出的噪声在媒介中传播时,一是由于媒体介质对声波的吸收;二是由于波阵面随着离开声源的距离增加而不断扩大,声能被扩散摊薄,所以通过单位面积的能量相应减少,其声压将随着传播距离的增加而逐渐衰减。

表 3-2 作为建筑噪声源向在空气中传播扩散时随距离衰减的一个例子。从表中可以看到,在距离声源 20m 处声强已被削减近 1/3,至 300m 时已被削减一半以上。即使源强为 100dB 传播至 300m 处(观察海豚有效距离)声压已很微弱,不会对海豚构成噪声威胁或损害其回声定位系统。

对于海豚来说,除了关注空气中的噪声强度以外,更重要的是关注水中的情况。撞击式打桩的噪声源产生于空气中的撞击接触点,但桩柱在水中的振动会向外传播。强烈的波震产生水中的超压会影响白海豚的回声定位系统。香港新机场建设的经验,是在打桩施工现场,定向设置气泡屏幕,有效地减缓水中噪声的强度(噪声降低 3dB 时能量降为 1/2,噪声降低 6dB 时能量降为 1/4)。总之,对撞击式打桩采取有效措施,对保证海豚的安全仍是十分必要的。

108dB 噪声源在空气中不同距离的衰减(姚先成,2005) 表 3-2

距离(m)	声音衰减[dB(A)]	距离(m)	声音衰减[dB(A)]
1	8	48 ~ 52	42
5	22	94 ~ 105	48
0	28	149 ~ 166	52
19 ~ 21	34	188 ~ 210	54
30 ~ 33	38	265 ~ 300	57

3.5.2.2 桥桩钻孔

桥桩钻孔和打桩作业类似,也是固定位置的水下作业。钻孔施工产生的噪声主要在低频率波段(20 ~ 1 000Hz),具有较高的能量,而海豚对这频段的噪声反应不敏感,对其影响程度较小。因此,在策划施工方法时,应优先考虑采用钻孔式打桩。虽然该施工方式对海豚的影响程度较小,但它们还是会听到该施工方式产生的许多噪声,并且邻近的强噪声甚至会引起它们行为改变、沟通受到干扰以及生理和器官的损伤等。因此,其产生的水中噪声还是要采用监视、监测与气泡幕相结合的防范和缓解措施。另外,对于桥桩钻孔,在减少水中噪声的同时还应避免产生大量悬浮物,建议尽可能采用围水干排钻孔的施工方法,避免湿排钻孔。

3.5.2.3 挖掘作业

中华白海豚一般利用较高频率的声音(大于10kHz)进行觅食及沟通,Wursig等(2001)的研究也表明中华白海豚对300Hz以下的低频声源不是很敏感,挖掘船产生的噪声主要在300Hz以下。尽管挖掘作业对海豚的影响有限,但如果在施工地点设立一定的监视范围,也可减低对中华白海豚的影响。根据海上调查经验,目击到的中华白海豚群体大多在300m范围内,500m以外的目击记录较少,考虑到监视范围的可行性和噪声声源的复杂性,建议监视半径为500m。中华白海豚群体最长潜水时间约4.6min,施工地点半径500m监视范围内连续5min没有白海豚出现时施工可以开始,挖掘期间白海豚进入该范围,作业可照常进行。

在进行浚挖前,应由专门的白海豚监察员使用望远镜及肉眼搜索施工地点半径500m范围内的水面,以确定该范围内是否有白海豚出没,以减轻噪声干扰,避免机器突然开动惊吓白海豚及被机器直接撞伤。如监视范围内有白海豚出没,则应暂时延迟施工,直至白海豚完全游离施工监视范围。为了减少施工噪声,应尽量减少同时作业的挖泥船数量,并尽量避免因机械操作而产生噪声。所有施工机械均应保持良好的性能状态。

人工岛和沉管隧道的施工需使用耙吸船、抓斗船等进行挖掘作业。挖掘作业主要产生低频噪声,有些能量会比较高,也可能会产生一些机械碰撞的高频噪声,但能量比较低。高能量的低频噪声和高频噪声对中华白海豚会有一定影响,必须依照作业区的海豚监视指引,设立500m监视范围,监视海豚的出没。此外,挖掘作业会产生悬浮物,建议在作业区周围布设幕网,使高悬浮物控制在有限范围内,并在适当位置安装摄录仪器监视挖泥船泥斗舱水位,预防淤泥溢流。

3.5.2.4 水上抛堤心石块

人工岛成形后,将在岸边抛堤心块石,以构筑防波堤岸,施工设备包括软体铺排船、自航运石船、开体驳、方驳、反铲挖掘机、拖轮等。施工作业产生的噪声复杂,包括低频和高频噪声,对海豚有一定影响。因此,需依照施工作业区的海豚监视指引,设立500m监视缓冲范围,监视中华白海豚的出没。

3.5.2.5 施工船只的来往航行

港珠澳大桥建设期间,施工和水上交通运输船只的来往将会非常繁忙。为减缓对中华白海豚的不利影响,应加强对水上交通运输的管理。根据在香港沙洲和龙鼓洲海岸公园实施航船限速的经验,将航船的速度限制在10kn以下,可以有效防止航船撞击海豚。为防止航船撞击海豚和水上交通事故,建议进入施工区的所有船只限速在 10kn 以内,并教育驾船者遵守有关限制,航行时留意海豚的出没并加以回避。同时,应为施工船及配合施工的交通运输船只制订相对固定的航线,影响范围尽可能缩小。

3.5.2.6　敏感季节

港珠澳大桥建设应减少在敏感的海豚繁殖季节进行滋扰较大的施工工序。大桥全段均处于中华白海豚种群分布区范围,虽然暂时还未确定中华白海豚在珠江口的重要繁殖区及抚幼区的范围,但 4～8 月为中华白海豚育婴抚幼和交配较频繁的季节,根据香港的调查结果,已知大屿山西侧沿岸水域是中华白海豚一个重要的抚幼区;而根据该研究 12 个航次的调查结果显示,广东水域保护区内幼豚密度相对较低,而且分布比较分散,为了不严重影响海豚的繁殖行为,在 4～8 月高峰期保护区水域内应加强对施工活动的监管,如爆破和撞击式打桩等。

3.5.3　污染物影响的缓解措施

自然保护区执行《海水水质标准》(GB 3097—1997)和《海洋沉积物质量》(GB 18668—2002)的一类标准。根据珠江河口近年有关环境监测数据,中华白海豚自然保护区水体的无机氮、无机磷和石油类含量超标现象相当普遍,部分测站的粪大肠杆菌群数也超过一类水质标准,其他检测项目基本符合一类水质标准。根据历史数据,中华白豚保护区沉积物的污染物含量仅符合第三类或第二类沉积物评价标准,除 Hg、BHC 和 DDT 含量达到国家一类沉积物质量标准外,其余监测项目均超过一类沉积物质量标准,尤其是 Cd,其含量在所有测站均超标,As 和 Cu 的含量在多数测站超标。对大桥线位沿线施工区表面沉积采样测定发现,Hg 的含量平均值略超一类标准,其余测定的重金属元素和有机氯化物含量平均值均达到一类标准,但是 Cu 和 Pb 都有个别测点超一类标准。以上情况表明施工区的总体环境质量未能完全达到一类标准。本底情况不容忽视,在施工中应严格控制排放标准,尽可能避免施工污染。

3.5.3.1　减少悬浮物的影响

桥梁施工中的桥桩钻孔,沉管隧道施工中的干坞形成和隧道回填,人工岛和口岸填筑中的护岸基槽开挖和吹填,临时航道疏挖,各施工环节的泄漏和水上航运等都将对海床及海水造成局部扰动,使悬浮物浓度增高。悬浮物增加及由此造成的溶解氧轻微下降对中华白海豚的直接影响较为有限,但悬浮物和底土释出的污染物会通过食物链传递和富集间接影响海豚,特别是新生幼豚的健康,悬浮物还通过降低浮游植物光合作用和降低鱼类幼体的成活率影响鱼类资源,间接影响中华白海豚,因此大桥施工应采取减少悬浮物的措施,尽可能在隔泥幕内施工进行。

港珠澳大桥工程挖泥作业量大,应采取措施尽量减低悬浮物的扩散。建议使用先进的自航耙吸船进行作业,并在适当位置安装摄录镜来监视沉积物在自航耙吸船泥斗内的水位,或在斗内安装水位探测器,以显示水位的高度,预防淤泥溢流及水溢流,以进一步防止水污染。在保护区范围内施工应禁止淤泥溢流;保护区范围外施工最好利用环保阀以减少溢流。应尽量缩短自航耙吸船试喷的时间,并在确认耙子弯管与船体吸泥管口的连接完全对位后开始挖泥作业,以免污泥从连接处泄漏入海。

挖泥船的数量,挖掘进度和挖掘量需根据水质模型评估结果而定。在大潮期及退潮时流速较大,悬浮物较难沉降,因此应尽量减少在大潮期及退潮时作业。此外,在挖泥区周围可加装幕网,使高悬浮物的区域控制在有限范围内。应准确定出需要开挖位置,减少不必要的超深、超宽的挖掘;准确计算工程的土方平衡,以尽量减少挖掘量。

桥桩钻孔应尽量采用围水干排钻孔的施工方法,避免湿排钻孔的悬浮物扩散。在人工岛护岸挖泥、吹填和隧道基槽开挖、回填等施工中应考虑先围后填和先围后挖的施工顺序。同时,应合理安排工期,控制每日挖泥量,将泥沙泄漏率控制在5%以内。土方表面应采用覆盖,减少水流和雨水冲刷造成的悬浮物扩散。挖泥船及其他船只往来挖掘地点时应尽量使用低速,以减轻淤泥的悬浮和扩散。人工岛和口岸陆域吹填也应防止泥浆泄漏,取沙地点不应选在保护区和海豚主要生境之内。

3.5.3.2 淤泥和弃土处置

淤泥、弃土和其他固体废弃物的处置应严格遵守有关法律和管理条例,以减少对环境的不利影响。废弃物的倾倒不宜在珠江河口区进行,建议港珠澳大桥工程的废弃物倾倒与铜鼓航道工程共同使用珠江河口外侧硇洲岛以南海域的水抛区,避免开辟新的倾倒区。应充分利用淤泥、弃土和其他固体废弃物作为人工岛和围海造地的填料,减少废弃物的倾倒。人工岛和口岸造地的吹填作业应采取分片静置沉降措施,以降低溢流口附近海域的悬浮物浓度。

3.5.3.3 尽量采用预制组件

大桥施工尽量采用预制组件,减少现场作业时间、作业量和在施工现场的材料堆放,以减少现场建筑废料、污染物排放和对附近水环境的扰动。所有预制组件的生产和临时堆放均应在保护区以外进行。

3.5.3.4 实施清洁生产

施工机械和船舶的油料泄漏,以及施工材料如沥青、油料和化学品等渗漏都将会对水体造成污染。因此,应实施严格的清洁生产措施。大桥施工将使用大量机械,应防止油料和含油污水进入水体;施工船舶的含油机仓水均应回收处理,杜绝现场排放;建筑材料的装卸和存放应避免出现泄漏和流失而造成环境污染;施工现场应设置建筑废料、生活垃圾、粪便和污水收集设备,并及时清运,杜绝水上现场抛弃和排放。

3.5.3.5 防范水上污染事故

珠江河口现有的水上运输已经比较繁忙,港珠澳大桥施工及与此有关的船只来往将增加一定的压力。一旦发生船舶事故,造成溢油或危险化学品泄漏,将给水域生态带来严重危害。应进一步加强水上交通管理,避免发生碰撞、沉船、溢油和物料泄漏等航行事故。为了防患于未然,所有施工船舶均需经过严格船检,达到作业现场的抗风浪能力,并保持良好工况;应特别注意防范台风和大雾等恶劣天气对航船的不利影响。实施安全航速是避免事故的重要措施,结合防止碰撞海豚的需要,所有施工船舶均应实施限速 10kn。应制定紧急漏油事故应变措施,以备第一时间清理油污及防止扩散。

3.5.4 海豚食物资源减少的缓解

鲸豚类食物短缺是当前世界范围内普遍存在的问题,其主要原因是捕捞过度。港珠澳大桥建设将因占用生境、破坏底栖生物、增加悬浮物和噪声干扰等影响鱼类资源而使海豚的食物保障进一步下降。海豚摄食的鱼类同时也是渔业的捕捞对象,海豚与捕捞渔业构成重要的竞争关系。港珠澳大桥施工及营运期间可通过降低捕捞强度等措施提升海豚的食物保障。对中华白海豚食物保障的影响可通过加强渔业管理得到有效缓解。在渔业管理部门控制捕捞强度的同时,大桥业主可以通过生态补偿机制,支持休渔禁渔、人工鱼礁建设、资源增殖等渔业管理措施,弥补对水域生态和捕捞渔业造成的不利影响。

3.5.5 建造有益的人工生境

港珠澳大桥建设将永久占用一定水域面积,致使海豚栖息地减少及食物资源减损,并改变现有的水域生境和生物群落。但生境的改变不一定只有负效应。桥墩和人工岛的存在有可能产生类似岛礁和岛屿的生态效应,即生态学上的所谓边缘效应。人工鱼礁的效应与此相似。虽然人造的边缘效应改变了原有的生物群落,但这种效应可能会增加群落的生产力和物种多样性,因而也可以是有益的。为了减少负面影响,增加有益效应,大桥工程可以结合人工岛和口岸填海区建设,在其护岸堤围建造类似人工鱼礁的构造物。该构造物应有利于河口区幼鱼和小型鱼类栖息。护岸堤围的设计可以请有关渔业设计单位参与。人工生境的建造以不明显改变河口区水动力为原则。

3.5.6 缓解多项大型工程的累加影响

近年,港珠澳大桥、铜鼓航道、广州港出海航道Ⅱ期工程等多项大型工程在珠江河口区动工兴建,并投入长期运行。三大工程均穿越中华白海豚主要分布区及其自然保护区的核心区。多项大型工程对中华白海豚种群将产生叠加影响,特别是铜鼓水道施工后期可能会与港珠澳大桥的施工前期重叠而同时在保护区施工。为减轻这些大型工程对中华白海豚的叠加影响,在不调整工期的情况下,应通过合理安排施工顺序,减少对中华白海豚的不利影响。

3.5.7　开展教育与培训

所有现场工作人员均应接受有关中华白海豚保护知识的宣传和培训。宣传和培训由保护区管理部门组织,专家应针对大桥建设工程的特点制定施工现场的海豚保护行为守则,并向现场作业人员进行讲解,以便现场作业人员了解和遵守。

3.5.8　加强监督管理

为了落实施工期海豚保护及其他环境管理措施,建议参考上海东海大桥施工的环境管理,聘请环境监理公司对各施工内容进行监理。与海豚保护有关的监察内容主要包括:避免施工噪声干扰的措施,挖掘和吹填的悬浮物控制,污染物入海及水上交通等。同时,应对浚挖物的装载、运输和抛弃进行监控,避免浚挖物的不当处置行为,特别是浚挖物不按指定地点倾倒。环境监理公司应有专门负责海豚保护的监察人员,及时告知施工人员需要采取的保护或预防措施;向业主和保护区管理局及时报告伤害海豚的意外情况。此外,大桥业主在与各工程分包人签订的施工合同中应明确分包人所应承担的海豚和环境保护责任。

3.5.9　开展海豚和水质监测

鉴于保护中华白海豚的重要性,并且由于中华白海豚种群受到栖息地减少,以及珠江河口区过度捕捞和环境污染影响的叠加效应较难预测,建议借鉴香港水域长期进行海豚监测的做法,从施工前期开始,对珠江河口中华白海豚的分布、种群数量、行为习性和健康状况进行持续的监测评估,以便及时评价人为干扰对中华白海豚产生的效应,以及各项缓解措施的效果,并为中华白海豚的长期保护和管理提供技术依据。由于港珠澳大桥施工期的水域环境污染主要反映在水质的变化方面,水质的监测也是施工环境监测的主要内容。

中华白海豚的监测内容包括:在珠江口水域(包括香港水域)进行海豚截线调查和标记重捕获监测,以掌握海豚分布和数量变化趋势;海豚行为研究,以了解施工对海豚行为习性的影响;收集施工期间海豚搁浅死亡情况等。海豚调查从施工前期开始每月至少进行一次。整个施工期应留意海豚的搁浅信息。倘若有足够的数据显示大型工程施工开展后海豚的搁浅或死亡率有显著增加,应实时检讨一些可能对海豚造成显著影响的施工活动,并立即采取适当的缓解措施以减低负面影响,确保工程不会对海豚种群带来太大的影响。

　　水质监测的内容包括:悬浮物、溶解氧、生化耗氧量、水样环境污染物的含量(如重金属、有机氯化物和石油烃等)。水质监测范围应包括施工段和整个保护区范围,按照水流设定对照点和影响监测点进行周期性观察;在保护区内的施工段设立自动监测点进行 24 小时连续监测,并及时把数据传送给相关管理部门。如果水质污染程度超过环境影响评价所确定的指标,应检讨相应施工项目的环境影响防范措施,实时采取措施控制污染物的源头,确保水质达到合理标准。

第4章 施工海域噪声特性、声学保护技术及工艺

4.1 水下施工噪声特性

港珠澳大桥施工过程中使用了多种施工设施和设备,每种设施和设备在不同的工作状态下,尤其是在不同的水环境条件下,其产生的水下噪声具有不同的特征。在众多的施工工种中,对相邻水域的中华白海豚存在较大威胁的施工工艺要数爆破和打桩。目前已经对不同类型的打桩工艺的噪声水平进行了研究,其中主要分为液压振动锤和液压冲击锤。

4.1.1 水下噪声采集和测量系统组成

声信号采集系统由水听器、滤波器和放大器、采样卡以及存储器等组成。

4.1.1.1 水听器

多款不同灵敏度的水听器见表4-1。

多款不同灵敏度的水听器 表4-1

型 号	可用的频率范围(kHz)	电缆长度(m)	灵敏度(dB)	产 地
OKI-SW 1030	10～100	30	＞－180dB	日本
CR3	0.1～240	30	－210dB	美国
C55	9～100	30	－165dB	美国
TC 4040-1	1～120	10	－205dB	丹麦
TC 4013-1	1～170	6	－211dB	丹麦
TC 4013-13	1～170	30	－215dB	丹麦

4.1.1.2 滤波器和放大器

RESON EC6081 VP2000 放大器,(表4-2)集成了滤波器和放大器的功能,具有12种高通滤波、12种低通滤波以及6种增益供选择。

RESON EC6081 VP2000 放大器 表4-2

高通滤波器	1-10-50-100-500-1k-5k-10k-25k-50k-100k-250k
低通滤波器	1k-5k-10k-20k-25k-50k-100k-250-500k-750k-1M
增益	0-10-20-30-40-50dB

4.1.1.3 采样卡

NI USB-6251 BNC 数据采样卡参数见表4-3。

NI USB-6251 BNC 数据采样卡参数   表4-3

通道数	8
分辨率	16bits
采样率	1.25MS/s

4.1.1.4 存储器

Fostex FR-2 便携式数字录音机,集成数据采集和数据存储功能(表4-4)。

Fostex FR-2 便携式数字录音机仪器参数   表4-4

通道数	2
分辨率	24bits
采样率	196kHz

4.1.1.5 集成被动录音设备

SM2M 海洋声学记录仪(图4-1)是集成型声音采集系统,采样率高达96kHz,可支持高达500G 高容量信号存储,并可通过编程实现长时间或特定时间段录音,适合长时间噪声监测,尤其是夜间监测。

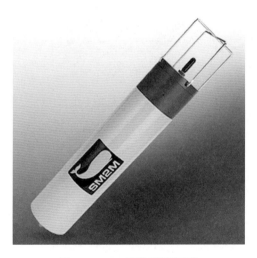

图4-1 SM2M 海洋声学记录仪

4.1.2 水下噪声主要参数分析

水下噪声对鲸类动物的影响在很大程度上取决于声音的特征,例如强弱、频率、持续时间等,其度量指标有以下几种。

4.1.2.1 声压级(*SPL*)

声压和声强都是表示声场中声音大小的量度。声压是单位面积受到多少达因(或牛顿)的力,国际单位制是 N/m^2,又称帕,记作 Pa。声强是垂直于传播方向上单位面积传播多少瓦的声能,单位是 W/cm^2。声压用"*P*"表示,声强"*I*"表示。声压级的度量方法依赖于声音类型,对于脉冲声音和非脉冲声音需要不同的度量标准。这里的"脉冲"是短暂的、宽频的、瞬变信号,例如爆炸脉冲、地震气枪脉冲、打桩脉冲。

4.1.2.2 均方根声压级(SPL_{rms})

SPL_{rms} 是特定时间内声的均方根,单位为 dB(参考声压为 $1\mu Pa$)。通常用于描述声音强度在时间上变化平缓的噪声和振动,例如运输船的螺旋桨噪声和背景噪声。计算公式如式(4-1),其中 T 表示度量的时间段,$P(t)$ 表示时间 t 所对应的声压。

$$SPL_{rms} = 10\lg\left[\frac{1}{T}\int_T \frac{p(t)^2}{p_0^2}dt\right] \tag{4-1}$$

4.1.2.3 峰值声压级(SPL_{0-p})

SPL_{0-p} 是一定时间间隔内最大的绝对值声压,单位为 dB(参考声压为 $1\mu Pa$)。适用于描述短时间的冲击声音,例如打桩脉冲。计算公式如式(4-2),对于打桩噪声,P_{0-p} 表示单个脉冲的峰值声压。

$$SPL_{0-p} = 20\lg\left(\frac{|P_{0-p}|}{P_0}\right) \tag{4-2}$$

4.1.2.4 峰值—峰值声压级(SPL_{p-p})

SPL_{p-p} 是一定时间间隔内声压从正到负最大差值(正值)的声级,单位为 dB(参考声压为 $1\mu Pa$)。同 SPL_{0-p} 一样适用于描述冲击声音。计算公式如式(4-3),对于打桩噪声,P_{p-p} 表示单个脉冲中最大与最小瞬时声压的差值。

$$SPL_{p-p} = 20\lg\left(\frac{|P_{p-p}|}{P_0}\right) \tag{4-3}$$

对于打桩噪声的单个脉冲信号,由于 $|P_{p-p}|$ 近似地为 $|P_{0-p}|$ 的两倍,所以 SPL_{p-p} 比 SPL_{0-p} 约大于 6dB。

4.1.2.5 脉冲持续时间(T_{90})

为了衡量脉冲信号的潜在伤害,就需要对短暂脉冲的能量进行度量,但是脉冲的起始和结束时间在实际分析中很难确定,这就需要引入脉冲持续时间(T_{90})的概念。所谓 T_{90} 是指信号中包含总累积能量的 90% 的一段时间。

4.1.2.6 声源级（SL）和传播损耗（TL）

声源级（SL）是距离声源1m处噪声的声压级，单位为dB（参考声压为1μPa，参考距离为距声源处1m）。传播损耗（TL）是指信号从声源发出后在传播过程中的声音强度的衰减。正是由于传播损耗，随着与噪声源距离的增加，水下噪声水平逐渐减小，直到与背景噪声水平相同，一旦超过这个范围就可以假定为上述声源产生的噪声被环境背景噪声掩盖了。

声音在水下环境中的传播可能在不同的地区有很大的不同，也可能会随着水深和物理条件的变化而变化。噪声在浅水环境中（<50m）的传播可以近似为柱状，所以扩散对传播损耗的贡献可以简单地用一般的衰减公式计算。此外产生传播损耗的因素还包括：介质对声音能量的吸收、界面（水面、底部和海岸）和其他阻碍物的反射引起的声音分散。海水对声音的吸收与温度、盐度、酸度和声音的频率有关。

4.1.2.7 功率谱

动物听力是与频率相关的，动物对不同频率的声音的听力阈值各异；声音的传播能力也与其频率有关，频率越高，噪声随距离衰减得越快。频率组成是噪声非常重要的特征参数，不同噪声源可能会产生不同频率的噪声，并且噪声的频带不同，声音的传播能力也不同。Hildebrand(2009)将噪声分为三个频带：低频（10～500Hz）、中频（500Hz～25kHz）、高频（>25kHz）。一般情况下，低频噪声衰减较慢，从而能远距离的传播；相比之下，中频噪声由于衰减较多传播能力有限；而高频噪声在传播过程中高度衰减。在噪声分析中，功率谱就是用来描述噪声的频率组成。

4.1.2.8 功率谱密度

功率谱密度（PSD，Power Spectral Density）是一段时间的声音信号在单位频率（1Hz）跨度上的功率。在对一段声音信号进行快速傅里叶变换时，如果不对带宽进行设置，其功率谱图的带宽会受到采样率和变换时的采样数（FFT Size）的影响，从而得出的功率谱也有差异。功率谱密度曲线的意义是将这些进行统一。

4.1.2.9 1/3倍频程功率谱图

对任意一段频带而言，其中心频率f_c、频率上限f_u和频率下限f_l频都满足如下关系：$f_c = \sqrt{f_l f_u}$以及$f_u/f_l = 2^n$，同时当$n = 1/3$和1时分别称为1/3倍频程和1倍频程。因为哺乳动物的有效滤波带宽约为1/3倍频程，所以在评估水下噪声对鲸类动物的影响时，通常以1/3倍频程带宽对声压级进行测定。

4.1.3 八联动液压振动锤组(8×APE-600,OCTA-KONG)水下噪声采集和分析

4.1.3.1 振动锤组的作用地点

OCTA-KONG 是当前全球最大的可以振沉和振拔钢圆筒的液压振动锤组。该振动锤组由 8 个 APE 600 振动锤串联而成(表4-5,图4-2),每个 APE 600 都由一个型号为1200 的动力设备驱动(图4-2)。在修建大桥的两个人工岛时,OCTA-KONG 被用于来振沉直径为22m 的钢圆筒(SSP$_{22}$)以构筑人工岛的外围,其施工时间为 2011 年 5 月 15 日~12 月 25 日。随后,OCTA-KONG 被用在修建桥墩(16~53 号和60~89 号)时的振沉和振拔 SSP$_{22}$。OCTA-KONG 在桥墩区域的施工期限为:2012 年 10 月 15 日到 2015 年 6 月。

OCTA-KONG 液压振动锤组的规格说明　　　　　　　　　表 4-5

振　动　锤		动　力　柜		桩	
类型	OCTA-KONG	类型	CAT32	类型	钢圆筒
总驱动力	40 000 000N	最大动率	882 600W	直径	22m
频率	6.67~23.33Hz (400~1 400v/min)	运行速度	800~2 050r/min	桩墙宽度	0.016m
钳具夹力	1 176 000N*	最大驱动压力	33 096Pa	高度	39~60m
振拔力	3 131 000N*	夹持压力	33 096Pa	质量	450 000~ 600 000kg

＊代表每台 APE 600 振动锤的参数。

注:振动锤组的 r/m 结果由动力柜的 v/m 决定。

4.1.3.2 振动锤组的组成

振动锤组的主要组成结构为:①减震器室,包括一塑料弹性隔离消减器;②振动齿轮箱,包括具有相位的高振幅偏心锤;③夹具等附件。

4.1.3.3 振动锤组的工作原理

在振沉或振拔操作过程中,打设的桩和振动锤(除开减震室)之间通过夹具紧密相连,并形成一振动复合体。当成对的偏心锤反向旋转时会产生离心力,受到该离心力的作用,振动复合体将会在垂直方向上发生运动。当振动复合体的持续脉冲动能从复合体转移到与它们接触的土壤时,该能量能够暂时性的改变相应结构的应力-变力行为,例如造成桩尖部位的土壤的位移,或制造出大量的孔隙水压,甚至造成相应土壤的完全液化。这些改变使得振动操作过程中的摩擦阻力(包括土壤的内摩擦力以及铁桩和土壤之间的摩擦力)以及桩尖处的阻力显著下降。这样一来,钢圆筒就能依靠来自偏心力矩产生的较小的垂直方向的作用力,同时借助自身的自重实现振沉。液压振动锤组在振沉 SSP$_{22}$ 32 号时的施工噪声以及背景噪声水平见图4-3。

图4-2　OCTA-KONG 液压振动锤组的施工图示（引自 Wang 等，2014b）

注：在振沉或振拔钢圆筒 SSP$_{22}$ 的过程中，振动锤组和钢圆筒是紧密结合的，并构成振动复合物。

OCTA-KONG 由 8 台 APE 600 振动锤串联而成，每台 APE 600 都由减震器室、振动齿轮箱以及夹具等附件结构组成

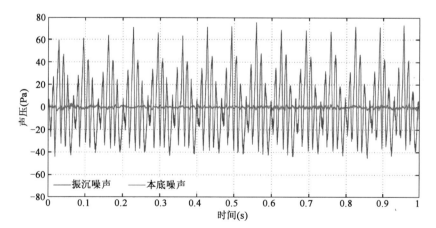

图4-3　液压振动锤组 OCTA-KONG 在振沉 SSP$_{22}$ 32 号时的施工噪声以及背景噪声水平

注：OCTA-KONG 的基频为 15Hz。

4.1.3.4　振动锤组的工序

钢圆筒 SSP$_{22}$ 的长度范围为 38 ~ 60m。其质量为 450 ~ 600t(表4-5)。在振沉钢圆筒时,钢圆筒在打桩的起始阶段通过夹具与振动锤组相连接构成振动复合体,该复合体经起重机移动到目标振沉位点,依靠振动复合物的自重,钢圆筒能够自沉大约20m,当其完成自沉后,振动锤组开始工作,并进一步将钢圆筒打设到目标高度。根据水底底质状况,一般情况下这一阶段所打设的平均深度为5m(范围为4~6m)。

在振拔钢圆筒时,振动锤组 OCTA-KONG 在一开始就运行,进而降低钢圆筒与周边泥土之间的振拔阻力。并借助起重机将整个振动复合体拔出水面。当振拔到一定的阶段,振动锤组除夹具的动力系统继续工作外,其他的动力系统停止工作,此时单靠起重机的作用将钢圆筒拔出水面。

4.1.3.5　录音系统

本实验一共使用了两套录音系统。第一套录音系统为船基录音系统,该系统包括一台 Reson 压电水听器(型号:TC-4013-1;Reson Inc. ,Slangerup,Denmark)、一个 1 MHz 的 EC6081 带通滤波器(型号:VP2000;Reson,Slangerup,Denmark)、一个 16 位的多功能高速信号采集卡(型号:NI USB-6251 BNC;National Instruments,Austin,TX,USA),以及一台装有 LabVIEW 2011 SP1 软件的笔记本电脑。水下声信号经 Reson 水听器接收[水听器的频率响应范围为 1Hz ~ 170kHz,灵敏度为-211dB ±3dB(参考声压 1μPa,参考电压 1V)],经 VP2000 前置放大器后,再经由滤波器的通带处理:其中高通设定为 10Hz,用于滤除系统和水流等低频噪声,低通设定为 250kHz,用于避免高于录音设定的奈奎斯特频率以上的信号对所记录的信号的混叠干扰。相应的声信号经 LabVIEW 软件控制以 512kHz 的采样率采集,并以二进制文件的格式直接存储于电脑的硬盘中。第二套录音系统为 Song Meter 海洋记录仪(SM2M)。

本实验所使用的两套录音系统的水听器都经过出厂时校准。剩余的部件,包括船基录音系统的放大器和滤波器以及声信号采集卡等在野外实验前都经实验室校准。校准过程中,通过将已知强度的声信号输入相应设备,并实时监控其信号流的改变情况。其中标准信号由 OKI 水下声级计(型号:SW1020;OKI Electric Industry Co. , LTD. ,Tokyo,Japan)生成。信号流经由示波器(型号:TDS1002C;Tektronix Inc. ,Beaverton,OR,USA)逐级监测。

4.1.3.6　数据收集

声学数据收集于 2013 年 10 月 21 日至 2014 年 1 月 4 日之间的相关施工操作(表4-6)。施工海域的地理坐标位置为(21°16′ ~ 21°16′N;113°33′ ~ 113°55′E)。考察时采用一台长度为 7.5m 的快艇,该快艇的动力系统为 102.97kW(140 马力)的外置发动机。整个考察过程中,采用了两种录音方式:定点录音模式和漂浮录音模式。在定点录音模式中,将SM2M直接悬挂在施工海域周边所设定的安全浮标上,或者将考察船绑定在某些固定的水上结构,然后用船基录音系统进行录音,在漂浮录音模式中,先将考察船开到施工海域的上游,然后关闭发动机并开始录音,借助水流的作用,考察船会先接近施工地点,后远离。当考察船漂离很远后,录音暂停,考察船重新驶回到水流上游,然后关闭发动机、开始录音,并不断地重复相关的操作。在整个录音过程中,水听器被安放在水下大约2m的深度。为了降低水流对仪器的影响,在水听器的末端绑上了重物用于抵抗流力。对于施工方而言,为了施工便利,相关的振沉工作都会选择在平潮的时候进行,这时候的水流最小,流速对打桩的影响也最小。

钢圆筒施工的声学数据收集(Wang 等,2014b)。　　　　　　　　表 4-6

时间	类型	位点	经度	纬度	录音系统	录音方式	水深(m)	持续时间(s)
10/21/2013	振沉	32 号	22°16′59″	113°45′40″	SM2M	定点录音	8	137
12/4/2013	振沉	39 号	22°16′60″	113°45′25″	BS	漂浮录音	7	150
12/13/2013	振沉	38 号	22°16′61″	113°45′17″	BS	定点录音	8	142
12/23/2013	振沉	41 号	22°16′62″	113°45′05″	BS	定点录音	7	156
1/4/2014	振沉	36 号	22°16′63″	113°45′25″	BS	定点录音	7	139
12/23/2013	振拔	26 号	22°16′64″	113°46′03″	BS,SM2M	定点录音和漂浮录音	8	2 218

录音位置与打桩位点之间的距离采用 Nikon 激光测距仪[Ruihao 1200S;Nikon Imaging(China])Sales Co., Ltd., Shanghai, China]测量获得。该测距仪的有效工作范围为10～1 100m,其测量精度为±1m。此外,相关位点和距离还经 GPS(GPSMAP 60CSx;Garmin Corporation,Sijhih,Taiwan)进行记录。施工海域的水深以及水质参数,包括水温、盐度和 pH 等经 Horiba 多参数水质监测系统测量获取(W-22XD;Horiba.,Ltd.,Kyoto,Japan)。水体的背景噪声在相关的水体施工操作之前测量获得。

4.1.3.7　声学数据分析

声学数据,包括 OCTA-KONG 的施工噪声以及背景环境噪声在分析之前被顺次切割为1s的声信号,并删除那些存在明显的被其他信号干扰的片段。声信号分析采用 SpectraLAB 4.32.17软件(Sound Technology Inc.,Campbell,CA,USA)和 MATLAB 7.11.0(The Mathworks,Natick,MA,USA)数据分析软件进行。

4.1.3.8　统计分析

声学参数的统计比较在 SPSS 16.0 软件中进行(SPSS Inc.,Chicago,IL,USA)。对所有变量的描述统计变量包括:平均值、最小值(Min)、最大值(Max)以及标准误(SD)。采用 Levene's

检测对数据进行方差齐性检验,并使用 Kolmogorov-Smirnov 拟合优度检测对数据分布的正态性进行检验。统计分析过程中,声压级和声学暴露水平的单位为 Pa,在结果中转换为 dB 单位。若相关的数据不呈正态分布(Kolmogorov-Smirnov test;$p < 0.05$),则采用非参统计检验对相关数据进行分析。具体而言,采用 Mann-Whitney U-test 来分析在相同的间隔距离下(桩施工位点和记录仪之间的距离)且由同一套录音系统所记录到的钢圆筒在振沉和振拔过程中的声压级 SPL_s 以及声学暴露水平 SEL_s 之间的差别以及两套录音系统所记录到的噪声水平的差异性。采用 Kruskal-Wallis 检验来检验不同考察工作日之间的背景噪声水平的整体差异性。若 Kruskal-Wallis 检验结果差异性显著,则进一步采用 Duncan's 多重比较来确定到底是哪些考察工作日之间的背景噪声水平存在显著性的差异。同一考察日中不同时段之间的噪声的差异性采用 Mann-Whitney U 测验进行统计检验。

4.1.4 评价水下噪声对鲸类影响的指标

4.1.4.1 鲸类听觉权重后的声音暴露水平(SELws)

在评价海洋哺乳动物的噪声暴露水平时,应该综合考虑其所暴露在的噪声的频率区段。为此,NOAA 等(2013)提出了将动物的听觉灵敏度与信号的频率组成相偶联的听觉权重法则(CA-weighting),即强化那些动物听觉灵敏的频带,同时弱化那些动物听觉不太灵敏的频带。目前的鲸类听觉权重函数[$W_{CA}(f)$]是由海洋哺乳动物权重函数[$W_M(f)$]以及等效声强权重函数[$W_{EQL}(f)$]共同决定。等效声强权函数则是由瓶鼻海豚频率特异性的暂时性听力阈值偏移数据以及等效声强曲线决定。等效声强曲线代表在不同的频率水平下,被测动物具有等效的感知水平的声强。等效声强曲线通常被认为是对被测者的听觉系统的频率特性反应。该曲线通常是在主观性声强实验过程中让被测动物对不同频率的两个纯音的声强进行定性判断而获得。鲸类听觉权重函数在各个频率下的取值由海洋哺乳动物权重函数以及等效声强权重函数中的较大值决定。鲸类听觉权重后的声音暴露水平(SEL_{ws})是将经鲸类听觉权重后信号的声压级的平方和与参考声音暴露水平($1\mu Pa^2/s$)的比值经对数转换后获得。相关的指标可以通过以下公式获得:

$$W_M(f) = K_1 + 20\lg\{(b_1^2 f^2)[(a_1^2 + f^2)(b_1^2 + f^2)]\}$$

$$W_{EQL}(f) = K_2 + 20\lg\{(b_2^2 f^2)[(a_2^2 + f^2)(b_2^2 + f^2)]\}$$

$$W_{CA}(f) = \text{maximum}\ \{W_M(f), W_{EQL}(f)\}$$

$$SEL_{ws} = 10\lg\left\{\int_1^{\frac{FFT}{2}}\left(\frac{10^{\frac{PSD_w(f)}{10}}}{p_{ref2}^2}\right)df\right\}$$

式中：$W(f)$——在频率为 $f(Hz)$ 处的信号权重功能（dB）；

　　a、b——分别代表听力截止频率的下限和上限；

　　　K——对相关权重曲线进行标准化处理的常数项；

$PSD_w(f)$——经鲸类听觉权重后的功率谱密度曲线。

对于白海豚而言（隶属于中频声呐鲸豚类物种），其 K_1，a_1 和 b_1 的取值分别为 -16.5，150 和 $160\,000$，而 K_2，a_2 和 b_2 的取值分别为 1.4，$7\,829$ 和 $95\,520$。P_{ref2} 为 $1\mu Pa^2 s$。

先前的地质勘探研究表明，该研究水域的底质较平坦。同时，在大桥施工海域所采集的底质岩土样本表明，该水域的底质为第四纪土层，并可以大致分为 5 层。其顶层主要为粗质淤泥，大致形成的时期为全新世。第二到第四层主要为沙子、沙砾及黏土，其大概的形成时期是更新世。第五层主要为花岗岩层，岩石层大约位于河床 70m 以下的位置。在振沉和振拔钢圆筒的过程中，采用了漂浮移动录音，这使得能够记录到不同距离下的声信号，通过对其于施工位点的距离的对数转换结果并进行曲线回归。相关系数即为传播损失系数的最佳估计。

4.1.4.2　权重前后的声源处的累积声压暴露水平

声源处的累积声压暴露水平是将特定时长的声信号的声压级的平方和与参考声音暴露水平（$1\mu Pa^2 s$）的比值经对数转换后获得。权重前后的声源处的累积声压暴露水平可以由以下公式计算获得：

$$SSEL_{cum} = SSEL_{ss} + 10\lg\left(\frac{duration\,of\,exposure}{t_{ref}}\right)$$

$$SSEL_{wcum} = SSEL_{ws} + 10\lg\left(\frac{duration\,of\,exposure}{t_{ref}}\right)$$

式中：$SSEL_{cum}$——未权重的声信号在声源处的累积声压暴露水平；

　　$SSEL_{wcum}$——权重后的声信号在声源处的累积声压暴露水平；

　　$SSEL_{ss}$——未权重的声信号在声源处的声压暴露水平的平均值；

　　$SSEL_{ws}$——权重后的声信号在声源处的声压暴露水平的平均值；

　　t_{ref}——1s。

4.1.4.3　声音的被监测范围

声音可被动物监听的范围由外部条件，例如所接收到的声信号的特性、背景噪声水平以及动物的自身条件（如动物的听觉能力）共同决定。由于目前已知的中华白海豚的听觉阈值曲线都只有大于 5.6kHz，因此这些资料对于低频噪声的分析没有太多指导意义。在本书中，假定声音的有效传播距离受环境背景噪声限制，即当目标声信号克服传播衰减后与环境的噪声水平等值时的传播距离，即为该声信号对于动物而言的可监测范围。之前在计算声信号的声压级时所获得的传播损失系数，在这里也被用来估算声音的传播损失。

4.1.4.4 评价施工噪声对中华白海豚的影响的指标选择

人工噪声对海洋哺乳动物的影响包括行为干扰、听觉屏蔽以及生理性损伤等。潜在的行为反应包括动物避开相关的施工海域，以及对动物的行为造成干扰等。听觉屏蔽是指某目标信号在某些频率范围区间（即临界带宽）被背景噪音所掩盖，使得目标信号的被监听范围降低。生理性损伤包括暂时性的或者永久性听力阈值偏移暂时性的听力阈值偏移指的是动物在原来的基础上，其听觉频率范围变窄，或者听力阈值水平提高的现象，若该种改变是可逆的，通常称其为暂时性的听觉阈值偏移，若该改变是不可逆的，称其为永久性的阈值偏移。在本书研究过程中，未在施工过程中发现有白海豚在周边水域活动，因而无法对相关噪声对白海豚的行为影响进行研究。然而通过整合之前在该水域所记录到的中华白海豚的声呐信号，包括哨叫声和脉冲信号以及白海豚的听力阈值，分析了相关水体噪声对白海豚的可能声学屏蔽。白海豚的哨叫声和脉冲信号通过跟踪一焦点海豚群获得。鉴于声学记录过程中只采用了单个水听器，无法对动物进行定位，但由于调查水域周边 1km 范围内除目标群并无其他的海豚群，因而可以确定所记录的声信号来自于目标群体。在录音过程中，海豚群与考察船的距离小于 50m。

本研究中，将 OCTA-KONG 的声压级和相关的海豚安全暴露声压水平进行比对，并进一步分析其潜在的声学影响。其中美国国家海洋渔业研究中心发布的海洋哺乳动物噪声安全暴露水平为 180dB（SPL_{rms}）。当暴露在振动噪声下，能够对中华白海豚（隶属于中频声呐海豚）造成暂时性地听力阈值偏移水平和永久性的听力阈值偏移的噪声阈值水平分别为：①SL_{zp} 等于 230dB 和 224dB（参考 1μPa），②未权重的声信号在声源处的累积声压暴露水平 $SSEL_{cum}$ 分别达到 195dB 和 215dB（参考 1μPa²s），或者是③权重后的声信号在声源处的累积声压暴露水平 $SSEL_{wcum}$ 分别达到 178dB 和 198dB（参考 1μPa²s）。在影响评价中，只要超过上述 3 个指标中的任何一个，就认为能够对中华白海豚造成相应的听力阈值偏移。

4.1.5 八联动液压振动锤组（8×APE-600）水下噪声特征

一共记录了 5 次钢圆筒的振沉施工噪声，其施工海域的桩基编号位于 SSP_{22} 32 号和 41 号之间。此外还记录了桩基编号为 SSP_{22} 26 号的振拔施工噪声（表 4-6）。钢圆筒的振沉和振拔施工过程中各有一次采用了漂浮录音的记录方式。施工海域的水深为 7~8m。

4.1.5.1 声压级和声音暴露水平（SPL_{zp}，SPL_{rms}，SEL_{ss} 和 SEL_{ws}）

在本书研究的信号分析过程中，声信号都事先被分割成了时长为 1s 的片段，所以均方根声压级（SPL_{rms}）和单位声音暴露水平（SEL_{ss}）在数值上是相等的。总体而言，峰值-峰值声压级（SPL_{zp}）在钢圆筒振沉和振拔过程中的测量结果的范围分别为 146.99~164.49dB 和 140.83~164dB（表 4-7）。均方根声压级和单位声音暴露水平在钢圆筒振沉和振拔过程中的取值范围分别为 137.77~153.11dB 和 128.83~154.58dB（表 4-7）。

OCTA-KONG 液压振动锤组施工噪声的声学特征及其统计描述结果　　　表 4-7

类型	位点	均值和范围	液压振动锤				
			SPL_{zp}	SPL_{rms}	SEL_{ws}	N	距离（m）
振沉	32 号	Mean ± SD	154.75 ± 2.11	145.44 ± 1.85	118.90 ± 1.68	76	200
		范围	$149.9 \sim 158.11$	$140.58 \sim 148.8$	$113.78 \sim 121.70$		
	39 号	Mean ± SD	153.64 ± 2.02	142.99 ± 1.95	121.38 ± 2.05	87	$90 \sim 145$
		范围	$148.29 \sim 160.02$	$137.77 \sim 146.8$	$116.56 \sim 123.95$		
	38 号	Mean ± SD	153.66 ± 1.12	143.16 ± 0.94	121.62 ± 1.09	50	60
		范围	$151.48 \sim 155.81$	$141.29 \sim 144.79$	$118.96 \sim 123.49$		
	41 号	Mean ± SD	151.93 ± 2.18	141.22 ± 1.54	114.54 ± 0.93	90	70
		范围	$146.99 \sim 159.66$	$138.05 \sim 147.47$	$112.74 \sim 116.79$		
	36 号	Mean ± SD	160.27 ± 1.97	149.77 ± 2.13	125.25 ± 2.6	99	80
		范围	$154.96 \sim 164.49$	$144.35 \sim 153.11$	$119.53 \sim 128.86$		
振拔	26 号[a]	Mean ± SD	152.25 ± 1.99	139.47 ± 1.44	120.65 ± 0.93	247	70
		范围	$148.26 \sim 157.91$	$136.02 \sim 144.35$	$118.28 \sim 124.91$		
	26 号[b]	Mean ± SD	151.27 ± 4.98	137.7 ± 5.6	123.17 ± 5.47	1 471	$15 \sim 180$
		范围	$140.83 \sim 164$	$128.83 \sim 154.58$	$111.92 \sim 138.07$		

注：相关统计结果包括平均值 ± 标准差、最小值和最大值。单位声音暴露水平和均方根声压级在数值上是一样的。N 代表样本量，下标 a 代表相关的信号由船基录音系统采集，而下标 b 代表相应的信号由 SM2M 录音系统采集。

通过比较 OCTA-KONG 在振沉 $SSP_{22}41$ 号以及振拔 $SSP_{22}26$ 号是的施工噪声（由同一套录音系统且在相同的距离条件下获得（记录仪和桩基的相隔距离都为 70m），噪声变量中除去 SPL_{zp} 没有显著性的差异外（Mann-Whitney U-test：$z = -1.21$，$df = 337$，$p > 0.05$），二者之间在 SPL_{rms}，SEL_{ss} 和 SEL_{ws} 水平都具有显著差异性（Mann-Whitney U-test：$z = -9.03$，$df = 337$，$p < 0.01$；Mann-Whitney U-test：$z = -9.03$，$df = 337$，$p < 0.01$ 和 Mann-Whitney U-test：$z = -14.05$，$df = 337$，$p < 0.01$）（表 4-7）。通过对背景噪声进行音频监测以及声谱图视检，未发现动物性声源，该水域中的噪声主要由风浪以及海面的搅动造成。在 $SSP_{22}26$ 号桩位通过两套录音系统所记录到的背景噪声的 SPL_{zp}，SPL_{rms}，SEL_{ss} 和 SEL_{ws} 都不具有显著差异性（Mann-Whitney U-test：$z = -0.30$，$df = 125$，$p > 0.05$；Mann-Whitney U-test：$z = -1.73$，$df = 125$，$p > 0.05$；Mann-Whitney U-test：$z = -1.73$，$df = 125$，$p > 0.05$ 和 Mann-Whitney U-test：$z = -1.35$，$df = 125$，$p > 0.05$），因此将两套录音系统的数据进行合并处理。背景噪声水平在不同的监测天次中存在显著性的差异性（SPL_{zp}，Kruskal-Wallis $\chi^2 = 27.18$，$df = 4$，$p < 0.01$；SPL_{rms}，Kruskal-Wallis $\chi^2 = 41.21$，$df = 4$，$p < 0.01$；SEL_{ss}，Kruskal-Wallis $\chi^2 = 41.21$，$df = 4$，$p < 0.01$ 和 SEL_{ws}，Kruskal-Wallis $\chi^2 = 215.34$，$df = $

4，$p < 0.01$）（表 4-8）。具体而言，相关的背景噪声水平的 SPL_{zp} 值在桩基 SSP$_{22}$38 号和桩基 SSP$_{22}$41 号与桩基 SSP$_{22}$39 号之间，桩基 SSP$_{22}$41 号和桩基 SSP$_{22}$36 号之间都具有显著性的差异性（Duncan's multiple-comparison test；$p < 0.05$）（表 4-8）。此外相关的背景噪声水平的 SPL_{rms}、SEL_{ss} 和 SEL_{ws} 值在桩基 SSP$_{22}$39 号，桩基 SSP$_{22}$38 号，桩基 SSP$_{22}$36 号与桩基 SSP$_{22}$32 号之间，桩基 SSP$_{22}$39 号和桩基 SSP$_{22}$38 号与桩基 SSP$_{22}$41 号之间以及桩基 SSP$_{22}$36 号和桩基 SSP$_{22}$41 号之间都具有显著性的差异性（Duncan's multiple-comparison test；$p < 0.05$）（表 4-8）。

此外，同一施工位点的背景噪声在同一天的不同时段也具有显著性的差异，例如在 12 月 23 日的野外录音中，桩基 SSP$_{22}$41 号振沉施工前的噪声水平（记录时间为早上）和桩基 SSP$_{22}$26 号振拔施工前的噪声水平（记录时间为下午）在各个声学参数上都具有显著性的差异性（SPL_{zp}，Mann-Whitney U-test：$z = -3.97$，$df = 214$，$p < 0.05$；SPL_{rms}，Mann-Whitney U-test：$z = -4.12$，$df = 214$，$p < 0.05$；SEL_{ws}，Mann-Whitney U-test：$z = -4.12$，$df = 214$，$p < 0.05$ 和 SEL_{ws}，Mann-Whitney U-test：$z = -4.66$，$df = 214$，$p < 0.05$）（表 4-8）。

背景噪声的声压级（包括峰值声压级和均方根声压级）以及声音暴露水平的描述统计结果

表 4-8

类型	位点	均值和范围	峰值声压级 SPL_{zp}	均方根声压级 SPL_{rms}	权重后的声音暴露水平 SEL_{ws}	N
振沉	32 号	Mean ± SD	140.41 ± 4.23[a]	124.72 ± 3.51[abc]	99.12 ± 2.6[abc]	53
		范围	131.24 ~ 147.66	117.36 ~ 133.31	94.47 ~ 103.90	
	39 号	Mean ± SD	142.45 ± 3.49[bc]	126.22 ± 2.45[bd]	108.34 ± 2.63[bd]	67
		范围	135.94 ~ 148.28	121.58 ~ 133.52	103.56 ~ 112.68	
	38 号	Mean ± SD	140.2 ± 3.09[b]	125.64 ± 2.08[ce]	107.37 ± 1.69[ce]	45
		范围	135.43 ~ 146.58	123.18 ~ 134.09	104.28 ~ 113.58	
	41 号	Mean ± SD	139.37 ± 5.21[cd]	123.74 ± 4.63[def]	100.71 ± 1.98[def]	89
		范围	130.32 ~ 153.48	114.75 ~ 137.99	98.01 ~ 106.18	
	36 号	Mean ± SD	140.4 ± 3.36[d]	127.34 ± 2.9[af]	103.33 ± 2.08[af]	54
		范围	134.15 ~ 151.71	122.17 ~ 134.01	101.16 ~ 114.17	
振拔	26 号[a]	Mean ± SD	142.07 ± 3.39	129.3 ± 3.09	102.57 ± 1.58	94
		范围	134.42 ~ 153.1	121.77 ~ 139.16	99.95 ~ 106.94	
	26 号[b]	Mean ± SD	141.85 ± 3.27	128.6 ± 3.46	101.63 ± 1.93	31
		范围	134.46 ~ 150.7	120.64 ~ 138.36	99.20 ~ 106.79	
	26 号[c]	Mean ± SD	142.12 ± 3.31	129.1 ± 3.14	102.34 ± 1.62	125
		范围	134.42 ~ 153.1	120.64 ~ 139.16	99.20 ~ 106.94	

注：相关统计结果包括平均值 ± 标准差、最小值和最大值。单位声音暴露水平和均方根声压级在数值上是一样的。不同的上标代表经 Duncan 事后多重统计检验具有显著差异性，N 代表样本量，下标 a 代表相关的信号由船基录音系统采集，而下标 b 代表相应的信号由 SM2M 录音系统采集。下标 c 代表两套录音系统的总和。

4.1.5.2　声谱图、功率谱密度曲线以及1/3倍频程功率谱

OCTA-KONG 的施工噪声的基频范围为 15~16Hz。施工过程中的噪声增量为低于 20kHz 的频带,同时主要的噪声增量在 10kHz 以下(图 4-4 ~ 图 4-6)。

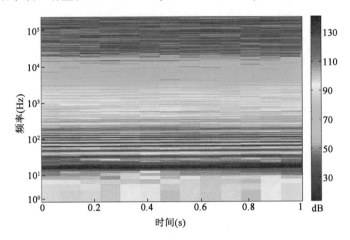

图 4-4　液压振动锤组 OCTA-KONG 在振沉 SSP 2236 号时的施工噪声的声谱图

注:声谱图的参数设置(窗口类型:Hanning;时间分辨率:76.80ms;图帧重叠比率:85%;频率
分辨率:1.95Hz;分析窗位点数:262 144;傅里叶转换位点数:262 144)。振动锤组的基频
为 16Hz。

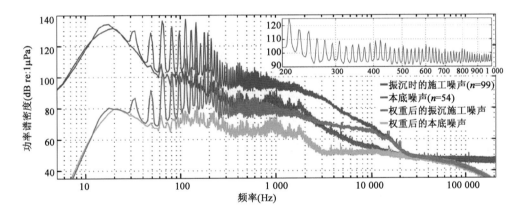

图 4-5　液压振动锤组 OCTA-KONG 在振沉 $SSP_{22}36$ 号时的施工噪声的功率谱密度曲线

注:功率谱密度曲线的参数设置(窗口类型:Hanning;时间分辨率:76.80ms;图帧重叠比率:85%;频率分
辨率:1.95Hz;分析窗位点数:262 144;傅里叶转换位点数:262 144)。振动锤组的基频为 16Hz。右
上角的插图是对未权重的施工噪声的放大显示。施工噪声是在距离桩基 80m 的位置记录的。

4.1.5.3　鲸类听觉权重后的声音暴露水平

OCTA-KONG 在振沉和振拔钢圆筒的过程中所产生的噪声经鲸类听觉权重后的声音暴露
水平的取值范围分别为 112.74 ~ 128.86dB 和 111.92 ~ 138.07dB。

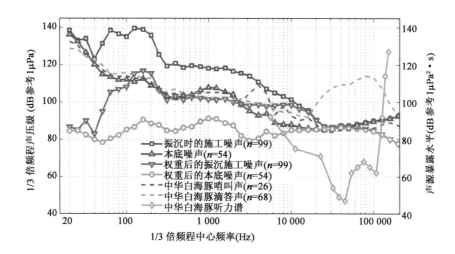

图 4-6　液压振动锤组 OCTA-KONG 在振沉 SSP_{22}36 号时的施工噪声在权重前后的 1/3 倍频程功率谱曲线

注:功率谱密度曲线的参数设置(窗口类型:Hanning;时间分辨率:76.80ms;图帧重叠比率:85%;频率分辨率: 1.95Hz;分析窗位点数:262 144;傅里叶转换位点数:262 144)。振动锤组的基频为 16Hz。白海豚的听力 阈值引用自相应的文献资料。n 代表样本量。该施工噪声是在距离桩基 80m 的位置记录的。

4.1.5.4　声源级和声源处的暴露水平(SL_{zp}、SL_{rms}、$SSEL_{ss}$ 和 $SSEL_{ws}$)

OCTA-KONG 在振沉和振拔钢圆筒的过程中所产生的噪声的声压级(包括 SPL_{zp} 和 SPL_{rms})以及声源暴露水平(包括 SEL_{ss} 和 SEL_{ws})与记录位点与桩基之间的距离的关系的最适曲线拟合结果(图 4-7)。

通过该拟合曲线估计出来的 OCTA-KONG 在振沉和振拔钢圆筒的过程中所产生的噪声峰值声源级(SL_{zp})的取值范围分别为 179.79 ~ 189.01dB 和 185.70 ~ 187.49dB。均方根声源级(SL_{rms})和单位声音暴露水平($SSEL_{ss}$)在振沉和振拔钢圆筒的过程中的取值范围分别为 168.90 ~ 179.96dB 和 173.00 ~ 175.26dB。权重后的单位声音暴露水平($SSEL_{ws}$)在振沉和振拔钢圆筒的过程中的取值范围分别为 142.95 ~ 157.20dB 和 157.00 ~ 158.90dB。

4.1.5.5　噪声可被海豚监听的距离

施工位点的水质参数的均值水平为:pH = 8、盐度 = 33‰、水温 = 20℃。在这种环境条件下,按照 Fisher 和 Simmons 的公式,频率为 10kHz 的声信号(OCTA-KONG 的施工噪声的主要能量都低于该频率的频率依赖性声音传播损失系数 a 的估计值为 0.000 6。

所计算出的 OCTA-KONG 在振沉和振拔钢圆筒的过程中的 SL_{zp}、SL_{rms}、$SSEL_{ss}$ 和 $SSEL_{ws}$ 与距离之间的回归曲线公式分别为:$15.1\lg(r) + 0.000\,6r$,$15.0\lg(r) + 0.000\,6r$,$15.0\lg(r) + 0.000\,6r$,$15.4\lg(r) + 0.000\,6r$ 和 $19.1\lg(r) + 0.000\,6r$,$19.4\lg(r) + 0.000\,6r$,$19.4\lg(r) + 0.000\,6r$ 和 $19.7x\lg(r) + 0.000\,6r$。根据 OCTA-KONG 在振沉和振拔钢圆筒的过程中所产生噪

声的 SL_{zp} 变量所估算的可被海豚监听的距离的取值范围分别为 448 ~ 1 546m 和 196 ~ 236m。根据 SL_{rms}（或者 $SSEL_{ss}$）变量所估算的 OCTA-KONG 在振沉和振拔钢圆筒时的噪声可被海豚监听的距离的取值范围分别为 818 ~ 3 489m 和 192 ~ 229m。根据 $SSEL_{ws}$ 变量所估算的 OCTA-KONG 在振沉和振拔钢圆筒时的噪声可被海豚监听的距离的取值范围分别为 483 ~ 2 954m 和 557 ~ 765m（表 4-9）。

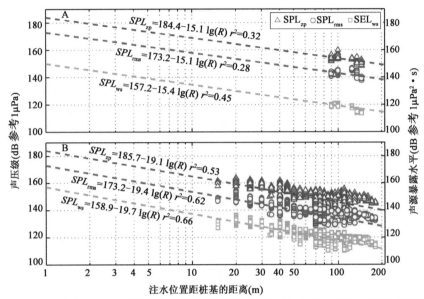

图 4-7　OCTA-KONG 在（A）振沉钢圆筒 SSP_{22} 39 号和（B）振拔钢圆筒 SSP_{22} 26 号的过程中所产生的噪声的声压级

（包括 SPL_{zp} 和 SPL_{rms}）以及声源暴露水平（包括 SEL_{ss} 和 SEL_{ws}）与记录位点及桩基之间的距离的关系的

最适曲线拟合

注：相关结果是对漂浮录音所记录下的 OCTA-KONG 在振沉和振拔钢圆筒的噪声水平与其相隔距离所进行的

最小平方曲线拟合获得。

OCTA-KONG 液压振动锤组在振沉和振拔钢圆筒时的声源级 表 4-9

（包括峰值声源级和均方根声源级）、单位声音暴露水平

以及动物对该声音的监测范围

类型	声源及类型	位点	振动锤施工噪声 OCTA-KONG（dB）	背景噪声（dB）	感知强度（dB）	监听范围（m）
振沉	SL_{zp}	32 号	189.5（184.65 ~ 192.86）	140.41	49.09	1 546
		39 号	184.4	142.45	41.95	569
		38 号	180.51（178.33 ~ 182.66）	140.20	40.31	448
		41 号	179.79（174.85 ~ 187.52）	139.37	40.42	455
		36 号	189.01（183.7 ~ 193.23）	140.40	48.61	1 456

类型	声源及类型	位点	振动锤施工噪声 OCTA-KONG(dB)	背景噪声 (dB)	感知强度 (dB)	监听范围 (m)
振沉	SL_{rms}	32 号	179.96(175.1～183.32)*	124.72	55.24	3 489
		39 号	173.2	126.22	46.98	1212
		38 号	169.83(167.96～171.46)	125.64	44.19	818
		41 号	168.9(165.73～175.15)	123.74	45.16	939
		36 号	178.32(172.9～181.66)*	127.34	50.98	2 068
	$SSEL_{ws}$	32 号	154.33(149.21～157.13)	99.12	55.21	2 954
		39 号	157.20	108.34	48.86	1 324
		38 号	149.00(146.34～150.87)	107.37	41.63	483
		41 号	142.95(141.15～145.20)	100.70	42.25	527
		36 号	154.55(148.83～158.16)	103.33	51.23	1 802
振拔	SL_{zp}	26_a 号	187.49(183.5～193.15)	142.00	45.49	236
		26_b 号	185.7	141.85	43.85	196
	SL_{rms}	26_a 号	175.26(171.81～180.14)*	129.30	45.96	229
		26_b 号	173	128.60	44.40	192
	$SSEL_{ws}$	26_a 号	157.00(154.64～161.26)	102.57	54.43	557
		26_b 号	158.90	101.63	57.27	765

注:振动锤组工作噪声以及环境噪声水平以平均值的结果给出,括号中的数值代表范围。动物的感知强度为施工噪声与背景噪声的差值。声压级和声音暴露水平的单位分别为 $1\mu Pa$ 和 $1\mu Pa^2 s$。下标 a 代表相关的信号由船基录音系统采集,下标 b 代表相应的信号由 SM2M 录音系统采集。*代表相应的噪声强度超过了动物的安全噪声暴露水平($SPL_{rms} = 180dB$)。

4.1.6 液压振动锤噪声对中华白海豚的影响分析

4.1.6.1 听觉屏蔽

将目前已知的两条中华白海豚的听觉曲线合并后作为听觉屏蔽的参考水平,若同一频率下的两条曲线的取值不同,则选择较低的阈值作为该频率的听力阈值。研究结果表明,OCTA-

KONG 的水体施工噪声水平和环境中的本底噪声水平都高于白海豚的听力阈值。当白海豚的脉冲信号(在距离小于 50m 的距离下所记录到的,其主要的能量分布频带为 20 ~ 200kHz)暴露在距离桩基 200m 的位置所记录到的 OCTA-KONG 的施工噪声时,并不会引发动物的听觉屏蔽现象。然而,在同样距离条件下记录到的中华白海豚的哨叫声(其主要的能量分布频带为 3 ~ 6kHz)暴露在同样的施工噪声条件下时,则会产生明显的听觉屏蔽。

OCTA-KONG 施工噪声对环境噪声的增量主要在 20kHz 以下,同时白海豚的脉冲信号的峰值频率范围为 43.5 ~ 142.1kHz,表明白海豚的脉冲信号受该噪声的影响较小。中华白海豚的哨叫声的频率范围为 520 ~ 33kHz,这也就意味着 OCTA-KONG 施工噪声可能对哨叫声造成听觉屏蔽,同时在距离施工位点 200m 处,哨叫声也可能被施工噪声完全遮蔽。由于哨叫声在鲸类动物的通信过程中扮演了重要的角色,该信号若被噪声屏蔽,那可能直接影响这些信号所介导的动物之间的捕食合作以及社群行为。同时,施工海域先前所采用的由 NOAA 提出的 200m 的动物安全距离,在本研究中并不适用。在 500m 距离外,绝大多数的施工噪声对环境噪声的增量已经不明显了(表 4-9),建议在大桥施工海域中应该至少采用自然保护委员会所建议的 500m 的动物安全距离。

4.1.6.2　与鲸类动物的安全噪声暴露水平的比对

OCTA-KONG 在振沉 $SSP_{22}32$ 号和 $SSP_{22}36$ 号时以及振拔 $SSP_{22}26$ 号时,其施工噪声的 SL_{rms} 水平的最大值都超过了美国国家海洋渔业研究中心所建议的鲸类动物的安全噪声暴露水平(180dB)。而 OCTA-KONG 在振沉 $SSP_{22}38$ 号,$SSP_{22}39$ 号和 $SSP_{22}41$ 号时,其施工噪声的 SL_{rms} 水平均小于 180dB(表 4-9)。

4.1.6.3　对海豚潜在生理损伤

对于中频声呐海豚(例如中华白海豚)而言,当其暴露在非脉冲特性的声信号时,若其能够满足以下指标中的任何一种:①SPL_{zp} 水平达到 224dB;②$SSEL_{cum}$ 大于 195dB;③$SSEL_{wcum}$ 大于 178dB,该声信号就可能对动物造成暂时性的听力阈值偏移。在本书研究中,OCTA-KONG 在振沉和振拔钢圆筒的过程中所产生的噪声的峰值声源级水平的取值范围为 193.23 ~ 193.15dB(表 4-10),小于相应的可能对动物造成暂时性的听力阈值偏移的水平。而 OCTA-KONG 在振沉 $SSP_{22}32$ 号,$SSP_{22}39$ 号和 $SSP_{22}36$ 号以及振拔 $SSP_{22}26$ 号时,其 $SSEL_{cum}$ 水平分别为 201.33dB、195.05dB、199.75dB 和 207.59dB(参考 $1\mu Pa^2 s$)(表 4-10)。这些结果都超过了可能对动物造成暂时性的听力阈值偏移的水平。此外,OCTA-KONG 在振沉 $SSP_{22}39$ 号以及振拔 $SSP_{22}26$ 号时,其 $SSEL_{wcum}$ 水平分别为 179.05dB 和 191.41dBre$1\mu Pa^2 s$。这些结果也都超过了可能对动物造成暂时性的听力阈值偏移的水平。此外,所有的这些声源噪声暴露水平都低于可能对动物造成永久性的听力阈值偏移的水平。

OCTA-KONG 液压振动锤组的施工噪声在权重前后的声源处的声音 表 4-10

暴露水平以及累积声音暴露水平

类型	日期	位点	声源处的声音暴露水平 $SSEL_{ss}$（dB 参考 $1\mu Pa^2 s$）	权重后的声源处的声音暴露水平 $SSEL_{ws}$（dB 参考 $1\mu Pa^2 s$）	持续时间（s）	$10\lg$（t）	声源处的累积声音暴露水平 $SSEL_{cum}$（dB 参考 $1\mu Pa^2 s$）	权重后的声源处的累积声音暴露水平 $SSEL_{wcum}$（dB 参考 $1\mu Pa^2 s$）
振沉	10/21/2013	32 号	179.96	154.33	137	21.37	201.33 *	175.70
	12/4/2013	39 号	173.2	157.20	153	21.85	195.05 *	179.05 *
	12/13/2013	38 号	169.83	149.00	142	21.52	191.35	170.52
	12/23/2013	41 号	168.9	142.95	156	21.93	190.83	164.88
	1/4/2014	36 号	178.32	154.55	139	21.43	199.75 *	175.98
振拔	12/23/2013	26 号	174.13	157.95	2219	33.46	207.59 *	191.41 *

注：液压振动锤组在振拔钢圆筒的结果为两套系统的数据合并后的统计结果。* 代表相关结果大于能够对动物造成暂时性的听力阈值偏移的水平（对于 $SSEL_{wcum}$ 和 $SSEL_{cum}$ 而言，分别为 178dB 和 195dB）。* * 代表相关结果大于能够对动物造成永久性的听力阈值偏移的水平（$SSEL_{wcum}$ 和 $SSEL_{cum}$ 分别为 198dB 和 215dB）。

虽然 OCTA-KONG 施工噪声的 SL_{zp} 水平低于可能对动物造成暂时性的听力阈值偏移的水平，但是在所有 SSP_{22} 振沉过程中，有 60% 的操作过程中的 $SSEL_{cum}$ 都超过了可能对动物造成暂时性的听力阈值偏移的水平。此外，OCTA-KONG 在振沉 SSP_{22}39 号过程中的 $SSEL_{wcum}$ 水平，以及 OCTA-KONG 在振拔 SSP_{22}26 号过程中的 $SSEL_{cum}$ 和 $SSEL_{wcum}$ 的水平都超过了可能对动物造成暂时性的听力阈值偏移的水平（表 4-9）。在实际情况中，$SSEL_{cum}$ 和 $SSEL_{wcum}$ 超过能够对动物造成暂时性或永久性的听力阈值偏移的水平取决于单位声音暴露水平以及动物暴露在该声音的时长的综合作用。在本研究过程中，所有的施工过程中的 $SSEL_{ss}$ 水平都低于动物的安全噪声暴露水平（180dB）（表 4-10），因此本书研究中 $SSEL_{cum}$ 和 $SSEL_{wcum}$ 水平超过能够对动物造成暂时性的听力阈值偏移的水平是由相对较长的噪声暴露时间决定的。OCTA-KONG 在振沉和振拔 SSP_{22} 时的平均作用时长分别为 3min 和 30min，其作用时间的取值范围分别为 2～6min 和 20～40min。

4.1.6.4 对中华白海豚影响进一步分析

在长期的进化过程中，鲸类动物发育出了一套完善的发声和受声系统以实现个体之间的声学通信，而各式的人工噪声可能干扰动物的声学通信的实现，因此噪声对鲸豚类动物的影响已经逐渐引起了人们的重视。

有关人工噪声对鲸豚类的影响已经有较多的研究。例如，当环境的噪声水平改变时，圣劳伦斯河的白鲸会改变自身发声的声压级来应对环境的改变[这一现象又称为隆巴德效应

（Lombard effect）]。此外，当白鲸面临船舶噪声时，它们会改变原有的发音频率来应对环境的改变。为了克服船舶噪声的屏蔽影响，虎鲸会改变其相应的声行为，包括延长发声的持续时间（Foote 等，2004）或者采用隆巴德效应机制来应对环境的改变。露脊鲸在面临气枪噪声时会改变其原来的迁移路线或者采用逃避相关噪声的行为，当面临着噪声污染时，它们会快速游离相关水域。港湾鼠海豚在面对来自打桩噪声的干扰时，它们的声呐行为的频次会降低，而当其暴露在地震勘探所采用的脉冲噪声时，它们的捕食行为相关信号将会降低。当有船舶正在向动物驶近的时候，瓶鼻海豚会显著增加哨叫声的发声率，当印度-太平洋瓶鼻海豚暴露在较强的背景噪声下时，它们会发出频率相对较低的，频率调制率较小的哨叫声来应对环境的改变。

通过整合噪声的能谱、动物的听觉阈值以及发声特性来研究人工噪声对动物（例如鱼类和海洋哺乳动物）的听觉及声学通信的影响在之前的研究中已经涉及。其中包括：研究背景噪声以及船舶噪声对生活在意大利海洋保护区的地中海雀鲷（*Chromis chromis*）、弓背石首鱼（*Sciaena umbra*）和鰕虎鱼科的 *Gobius cruentatus* 以及葡萄牙的卢西塔尼蟾鱼（*Lusitanian toad-fish, Halobatrachus didactylus*）的影响，研究水体施工以及打桩噪声对阿拉斯加地区的某石油生产岛屿附近的环纹海豹的影响，研究苏格兰 Moray Firth 水域中在近岸风电场修建过程中的打桩噪声对当地的海洋哺乳动物的可能影响，研究打桩噪声对对瓶鼻海豚的可能影响，研究观鲸船所产生的水下噪声对位于不列颠哥伦比亚南部以及华盛顿西北部的虎鲸的可能影响，研究高速运行的水翼快艇对位于香港西部水域的中华白海豚的潜在影响。

声音在水体中的传播损失与水底的地形结构、底质类型以及在各个传播方向上的传播衰减状况相关。如果水域的底质状况不是均质的话，在某一方向上获得的传播衰减模拟不能外推到另外的传播方向上。在本书研究中，由于研究水域的底质水平以及水底地形结构是均质的，在某些方向上对声音的传播损失的曲线拟合结果，也可以外推到其他方向上。

通过对信号的声谱图以及功率谱密度曲线的分析，可以进一步了解信号的频率特性细节。但是这些声学分析技术并没有把哺乳动物听觉系统的临界带宽考虑进来。因此，它们对于分析海洋哺乳动物的听觉系统的解码方式，以及噪声如何影响海洋哺乳动物等的指导性不强。与之相反，由于海洋哺乳动物的听觉系统的是以接近 1/3 倍频程的频带对声音进行解码，因此，信号的 1/3 倍频程能谱水平为研究噪声对动物的影响提供了一个重要载体。多数海洋哺乳动物在超声频带区域具有较好的听觉能力，中华白海豚的听力敏感频带为 20～120kHz。虽然 OCTA-KONG 施工过程中在 20～120kHz 频带处的噪声增量较小，但是其在 5.6～20kHz 频带处的噪声增量则高达 15dB。同时，OCTA-KONG 施工噪声以及背景噪声在 5.6～128kHz 频带处的噪声水平都高于中华白海豚在该频带处的听力阈值，表明白海豚对相关施工噪声的监测距离是受到环境本底噪声水平限制，而不是受到白海豚自身的听觉阈值限制。

4.1.6.5 缓解措施

本书研究中，所有的可能对动物造成暂时性的听力阈值偏移的水平的 $SSEL_{cum}$ 和 $SSEL_{wcum}$

都是由于动物较长时间地暴露在相应的施工噪声中造成。为了避免相关的施工噪声对动物造成生理损伤,施工方可以通过缩短单次施工时间,进而降低动物的累积噪声暴露水平。例如可以将单日的施工操作分配给多个不同的工作日进行。此外,由于部分 OCTA-KONG 施工位点的 SL_{rms} 水平的最大值超过了动物的安全噪声暴露水平,因此在相应的施工位点应该采取相应的降噪措施,例如采用气泡帷幕来降低相应的施工噪声。有研究表明,气泡帷幕对频带为 400 ~ 6 400Hz 都具有较好的降噪效果。在本研究过程中,OCTA-KONG 的动力柜的工作转速为 1 300 ~ 1 500r/min,而在修建两个人工岛的过程中,动力柜的工作转速达到了 1 700r/min。高速的动力柜驱动,可能会向水体引入更强的噪声。此外,除了采用海豚声学威慑设备将施工海域周边的海豚驱离相应水域外,相应的桩基操作应该采用"软启动"和"降能运行"等技术。具体而言,OCTA-KONG 在全速振沉或者振拔钢圆筒之前,振动锤组应该先以低功率运行 15s,然后暂停 1min,并重复这样的操作至少一次。此外,如果在 OCTA-KONG 施工过程中发现有海豚出现在动物的安全距离之内,相关的打桩操作应该即刻停止,或者 OCTA-KONG 的动力柜的驱动能量应该即刻降低。此外,OCTA-KONG 施工过程应该尽量避开濒危物种在该水域的活动的高峰期。

4.2 声学保护技术及工艺

声学保护技术及措施形式较多,最简单的是利用船舶噪声,相对复杂的是声学驱赶仪。尽管形式多样,但最基本的仍是通过声音威慑动物,以避免动物进入施工等危险水域,达到保护动物的目的。基于技术的不同,相应的设备组成及工艺也具有多样性,并且存在相应的优势和不足。

4.2.1 船舶噪声驱赶技术及工艺

4.2.1.1 原理

中华白海豚听阈范围宽(500Hz ~ 130kHz),既用低频哨叫声通信,也用高频声呐信号定位。船舶发动机的噪声能在水下传播,当船舶加速或减速时,所产生的强度不断变化的噪声 [1Hz ~ 10kHz,或更高频率,声源级为 150 ~ 180dB(参考 $1\mu Pa^2 s$)] 会影响,甚至改变中华白海豚的行为,有助于将中华白海豚驱离危险的施工海域,或阻止中华白海豚进入危险的施工海域,达到保护中华白海豚的目的。

4.2.1.2 驱赶设备

小型船舶(柴油发动机或汽油发动机,长度约为 5 ~ 10m)、高频对讲机(与施工人员联系)、双筒望远镜(观察中华白海豚及施工区环境)。

4.2.1.3 人员

每艘船2人,其中驾驶人员1人、观察人员1人。

4.2.1.4 操作方法

(1)施工开始前30min,船舶定位于施工区外侧50m处,启动发动机,原地观察5min,确认施工区范围内及船舶周围50m范围内没有中华白海豚活动。

(2)以施工区为中心,船舶绕施工区航行,速度不超过10km/h,航行路线呈螺旋形,并且逐渐扩大船舶与施工区的距离,直至距离达到500m,停止航行,原地观察,确认施工区及其周围500m范围内没有中华白海豚活动。

(3)施工过程中,声学驱赶船一直在施工区外围500m处警戒,确认施工区及其周围500m范围内没有中华白海豚活动。

(4)声学驱赶过程中,一旦发现施工区及其周围500m范围内有中华白海豚活动,观察人员应立即通过对讲机告知施工区人员,并延迟开工或暂停施工。声学驱赶船跟随中华白海豚,保持200m距离,通过调整船速,将中华白海豚驱离施工区。观察人员确认中华白海豚远离施工区500m后,通知施工人员开工或继续施工。

4.2.1.5 注意事项

(1)高速旋转的螺旋桨极易伤害中华白海豚,声学驱赶船在航行之前应确认船舶周围50m范围没有中华白海豚活动。

(2)参与声学驱赶的船舶数量根据施工区范围大小而定,确定船舶数量的一般原则是,在施工区外围500m范围的警戒线上,相邻声学驱赶船之间的距离不能大于2km。

(3)单船执行声学驱赶时,声学驱赶船以施工区为中心做螺旋形航行;双船执行声学驱赶时,双船同向航行,前后距离不超过100m,航行路线为螺旋形;三船或三船以上执行声学驱赶时,施工区周围的水域被划分成和声学驱赶船数量一致的扇形警戒区,每艘船在各自警戒的扇形水域内,以施工区为中心,由内向外做“Z”形或“S”形航行。

(4)汽油发动机噪声的频率通常高于柴油发动机噪声的频率,两种类型发动机的声学驱赶船轮换使用,可以提高声学驱赶效率。

(5)尽管中华白海豚有避船行为,但是有序的船舶噪声驱赶有助于更安全地驱离进入施工海域的中华白海豚。

4.2.2 施工噪声驱赶技术及工艺

4.2.2.1 原理

利用施工设备所产生的水下噪声作为声学驱赶信号源,将施工区的中华白海豚驱离危险的施工海域,达到保护中华白海豚的目的。比如:在打桩点(桩体直径1.8m)2km范围内,噪声频率可达10kHz,在距打桩点4km外,大部分噪声频率低于5kHz。在距打桩点100m处测得最大声级为205dB。中华白海豚对打桩噪声敏感,易受其伤害,但是调整打桩设备的输出功率,利用低强度的噪声作为声学骚扰信号可驱离打桩区的中华白海豚。

4.2.2.2 驱赶设备

发声强度或连续发声时间可调整的施工设施和设备,比如打桩机等。其余同4.2.1.2。

4.2.2.3 人员

施工设施及设备的操作人员。其余同4.2.1.3。

4.2.2.4 操作方法

(1)同4.2.1.4(1)。在最低输出功率状态下启动施工设备,产生极低声压的水下噪声。

(2)同4.2.1.4(2)。逐渐加大施工设备的输出功率,使之达到正常的输出功率。

(3)同4.2.1.4(3)。

(4)同4.2.1.4(4)。

4.2.2.5 注意事项

(1)输出功率不可调整的设备以及最低输出功率过大的设备(50m范围内声压超过中华白海豚听阈值3dB),不适合作为声学驱赶设备。

(2)每次调整输出功率的梯度不可过大(每次递增幅度不高于2dB),每次运行持续时间不可过短(每次运行持续时间不短于1min),以避免伤害逃离不及的中华白海豚个体或群体。

(3)有些施工设施或设备,尽管其输出功率不可调整,但是如果其额定输出功率相对较小(50m范围内声压不超过中华白海豚听阈值5dB),则可在施工开始前30min内,通过间断性运行和停止该设备以驱离施工区的中华白海豚。每次连续运行时间不超过1min,停止运行时间约2min。

(4)同4.2.1.5。

4.2.3 击打噪声驱赶技术及工艺

4.2.3.1 原理

与船舶噪声驱赶相类似的一种声学驱赶形式,但是,水下噪声源除了船舶发动机本身的噪声外,还包括通过人工击打不同直径钢管所发出的声音。击打不同直径钢管所发出的声音较船舶发动机噪声频率高,且发声的节奏可控。中华白海豚听阈偏高频,对高频变节奏噪声相对更敏感。

4.2.3.2 驱赶设备

同4.2.1.2。此外,在声学驱赶船的两舷各安装一套钢管排。每套钢管排由4根钢管组成,钢管长度均为3m,外径分别为2.7cm、4.2cm、6.0cm和8.9cm,4根钢管垂直安装在声学驱赶船的舷外,钢管间距离30cm,钢管一端浸入水中1.5m。击打钢管排发声的工具为长30cm、直径4.2cm的短钢管。

4.2.3.3 人员

每艘船3人,其中驾驶人员1人、观察人员2人,观察人员击打钢管排发声。

4.2.3.4 操作方法

(1)同4.2.1.4。

(2)在声学驱赶过程中(航行过程中),有节奏地击打钢管排发声。击打时,不限于同一根钢管,可以按顺序击打不同钢管。

4.2.3.5 注意事项

(1)同4.2.1.5。

(2)警戒或警戒驱赶时,击打节奏为2Hz;驱赶中华白海豚时,击打节奏为5Hz。

(3)击打钢管排时,可以循环击打4根不同管径的钢管,亦可以只击打其中的1根、2根或3根。

(4)击打钢管的位置可固定,亦可适当向上或向下移动。

(5)钢管可以用相近管径的竹管替代。

(6)击打噪声驱赶过程中,合理地控制船舶发动机噪声会提高驱赶效率。

4.2.4 声驱赶仪驱赶技术及工艺

4.2.4.1 原理

声学驱赶仪通过内部电子装置发声,声信号频率可调,声信号持续时间及发声间隔亦可调。以声学驱赶仪的声信号作为水下噪声源,将施工海域的中华白海豚驱赶到安全水域,或阻止中华白海豚进入施工区。

4.2.4.2 设计参数

(1)中华白海豚回声定位信号峰值频率超过100kHz,听觉最低阈值在45kHz时为47dB,绝大部分听觉阈值小于90dB。海洋工程施工的噪声主要能量集中在10kHz以下。针对中华白海豚的声学驱赶仪的声信号应超过10kHz,考虑到信号的衰减情况,驱赶仪的声信号频率应低于中华白海豚声信号峰值频率,且略高于其听觉最灵敏区域。信号强度应高于施工海域背景噪声20dB以上,低于170dB。

(2)声学驱赶仪声信号频率的设计还可以参考中华白海豚的威胁信号的频率特征,甚至可以将威胁信号直接作为声学驱赶仪的声源信号。设计频率应低于10kHz(可变范围为5~10kHz),并且信号是时间连续的,强度不超过170dB。

（3）为了提高驱赶效率，避免中华白海豚习惯声学驱赶仪的声信号，声学驱赶仪应具有自调整声信号频率的功能，以实现不同频率声信号随机变换，还应具有声信号持续时间及发声间隔自我调整的功能。

（4）为了节省电力，声学驱赶仪应入水即开始工作，出水即停止工作。

4.2.4.3　安装

（1）借助浮子和沉子将声学驱赶仪固定在特定水域，且没入水下 1.5m。

（2）同时使用多个驱赶仪时，以施工区域为中心，在其外围 500m 处呈环形布置，驱赶仪之间的间隔为 200m。

4.2.4.4　注意事项

（1）每台驱赶仪在入水之前应测试，确保其声信号频率、声信号持续时间、发声间隔等符合驱赶要求。

（2）布置声学驱赶仪之前，应进行"船舶噪声驱赶"或"击打噪声驱赶"，并确认施工区及周围 500m 范围内没有中华白海豚活动。

（3）安装声学驱赶仪时，既不能将其漂浮在水面，也不能将其沉到水底，声学驱赶仪应浮在水层中。声学驱赶仪所在位置应设有浮标或警示灯，以警示其他船舶绕行。

（4）尽管声学驱赶仪布置在施工区周围，且形成完整的"包围圈"，但是在"包围圈"外还必须有流动警戒船和观察人员，以防中华白海豚误入"包围圈"内。

4.2.5　气泡帷幕技术及工艺

4.2.5.1　原理

水中喷射流（气体、液体）形成的气液两相流帷幕具有与水不同的声阻抗并且会在顶部产生涌浪，同时气泡密度小、弹性大，具有对声音的反射和吸收作用。水下气泡能够有效抑制冲击波及阻止施工噪声在水中的传播，有利于保护施工海域的中华白海豚。

4.2.5.2　设备及安置方法

以施工区为中心，将耐压软管在施工区周围水底形成环形包围圈，该环形包围圈采用铅块固定于海底。每块铅块质量 20kg，每 3m 安置 1 铅块。软管内径 5cm，管壁上每 20cm 凿一直径 1.5mm 的喷气孔。软管两终端各加长 50m，且不开孔，此两根无孔软管的水面端分别连接 1 台空气压缩机的出气口。在施工机械启动前 15min，启动空压机产生稳定气流，形成水下环形气泡帷幕。空压机安装在施工船上或声学驱赶船上。

4.2.5.3　注意事项

（1）受空气压缩机功率限制，水下气泡帷幕只适合保护极小施工区范围外的中华白海豚，比如岩石钻孔施工时保护中华白海豚。

（2）气泡帷幕运行初期，会搅动底泥，对水质产生一定的不利影响。约 15min 后，气泡趋于稳定，水体透明度也逐渐恢复正常。

（3）耐压软管内充满高压气体，在操作时应注意管间连接的气密性。

第 5 章　中华白海豚声学保护方案和驱赶保护技术规程

5.1　施工海域中华白海豚最佳声学保护方案

中华白海豚发出低频的哨叫声和高频的脉冲信号,对环境中高频信号相对敏感,因此针对中华白海豚的声学驱赶应基于中华白海豚的生物声学特征而提出。港珠澳大桥施工海域的施工噪声是非自然的声源,对中华白海豚有一定的威慑作用。但是施工噪声相对稳定,并且除船舶噪声外,难以移动,缺少机动性。因此在充分利用施工噪声的同时,应开发可移动和方便布置的噪声源——声学驱赶仪,以便更加有效地驱赶施工海域的中华白海豚,达到保护目的。

5.1.1　施工海域中华白海豚最佳声学保护方案

判断某一个声学保护方案是否最佳,需要考虑的因素较多,除了动物本身的情况外,还应考虑施工海域的水文情况、施工规模、施工形式、施工时间,以及方案的成本及操作的便利性等。最重要的是应该考虑实际的保护效果,并且是持续的保护效果。

对港珠澳大桥工程而言,最佳的方案应该是利用设备和设施的噪声作为信号源,警示和威慑附近的中华白海豚,以避免它们进入施工现场,达到保护的目的。但是,某些产生强噪声的施工设备和设施因其本身的噪声已经超过了中华白海豚的耐受阈值,因此这类设备和设施产生的噪声不适于作为驱赶信号源,除非该设施或设备的输出功率能有效被控制,并能逐级增加。

另一类声学保护方案是利用主动发声装置,并且这些装置的发声频率除了应与中华白海豚发声频率及听觉敏感频率相接近外,还应具有可变频率的功能,以避免中华白海豚熟悉了该类噪声源,而不畏惧这些信号源。

除了定频和变频的水下发声器外,可以考虑采用中华白海豚本身所具有的威慑信号作为噪声源,并集成到水下声设备中,以增加水下声设备的警示、威慑和驱赶效率。

5.1.2　施工海域中华白海豚声学保护方案的适用性

声学保护方案在理论上是充分可信和可行的,但是在实际操作中仍有许多待解决的问题。

首先,难有通用性强的设备和设施适用于所有的施工海域中华白海豚的保护。在短期及小范围施工,完全可以借助施工机械的振动及噪声作为噪声源驱赶周围的中华白海豚,避免它们靠近施工现场。但是,对大型施工海域中华白海豚的保护则必须采用更主动的措施,并且声驱赶要有充足的时间提前量,否则难以达到有效驱赶和有效保护效果。

其次,动物对噪声信号的适应能力使得声驱赶保护效果下降。中华白海豚对声音的敏感程度及分辨能力是鱼类等水生动物所不及的,这一点虽然有利于提高水下声驱赶保护的效率,但是随着中华白海豚对驱赶噪声的适应和熟悉,它们有可能不但不远离噪声源,而且会不理睬甚至接近噪声源。一旦出现这种情形,声驱赶的效率和价值将随之降低甚至消失。

最后,声驱赶只是保护措施之一,并非唯一的保护措施。在执行声学驱赶时,除了严格按相关的规程进行操作和实施外,还必须对所驱赶水域内外的中华白海豚进行观察,以检查和确认是否中华白海豚都游离了施工海域。或者说,在执行声驱赶时,其他的观察和保护措施也必须跟进,否则对中华白海豚而言,施工风险仍存在。

5.1.3　施工海域中华白海豚声学保护方案的改进

声学保护方案中使用的新型驱赶仪器应该具备自适应能力,即应具备监测、记录(录音和录像)、实时分析和评估中华白海豚的发声及活动状况的能力,并根据中华白海豚的群体大小、距离远近等评估结果自动调整噪声的频率组成、强度和持续时间、发声间隔等参数。同时,该装置应具有通信功能,以便与周围声驱赶仪器的工作性能和工作时间相协调,达到最佳的驱赶效果。

此外,新型驱赶仪器应具有长时间供电(太阳能)能力,并且具有轻便和简单可操作的特性,此外,价格也是必须考虑的重要因素之一。

5.2　施工海域中华白海豚声驱赶保护技术规程

制定保护技术规程的目的是最大限度地缓解港珠澳大桥建设与中华白海豚保护之间的矛盾,在工程施工过程中,通过采取一些特殊的防范措施(包括声学减缓、声学骚扰、声驱赶等措施,以及声驱赶仪、气泡帷幕等技术),减少或避免工程施工中多种因素对中华白海豚的影响和伤害(包括对迁移行为、休息行为、社群行为、捕食行为和抚幼行为的影响;对正常避船行为的干扰;对回声定位信号、哨叫声功能的影响;对听觉能力的影响;对身体的直接伤害等)。

尽管本规程目前只适用于港珠澳大桥工程海域的中华白海豚的保护,但是制定本规程的最终目的是使其更广泛地适用于近海海洋工程水域多种齿鲸类动物的保护。这些齿鲸类动物和中华白海豚相类似,都具有发出回声定位信号或哨叫声的能力,具有典型的听力阈值,并且水下噪声对它们的发声和行为有不利影响。

5.2.1 声驱赶的原理和定义

中华白海豚是依赖发声和受声来生存和繁衍的物种,对水下声信号极其敏感,具有极高的听觉灵敏度。水下噪声或其他非中华白海豚的声信号对中华白海豚而言是特殊的声信号,具有吸引、威慑、伤害等作用。通过适当控制水下人工声信号,不但不会造成中华白海豚伤害,而且也不会对中华白海豚具有吸引功能,只对中华白海豚具有威慑功能。具有威慑功能的声信号不但可以阻止中华白海豚通过某一水域,而且还能将中华白海豚驱离某一危险水域,达到保护中华白海豚的目的。简单而言,就是通过声学技术和声学方法,或声学装置所发生的声音,将中华白海豚安全驱赶到某一危险水域之外,避免中华白海豚进入特定危险水域,已达到避免伤害白海豚的目的。

5.2.2 实施声驱赶的目的和意义

中华白海豚喜群居,主要以鱼为食,具有发达的发声能力和听觉能力,依赖回声定位及声通信生存和繁衍,对水下噪声敏感。中华白海豚处于食物链的顶端,是近海海洋生态系统完整性及水生生物多样性丰度的重要指示物种。受自然因素和人为因素的综合影响,中华白海豚的自然栖息地日渐丧失,自然种群日渐减小,其保护工作备受关注。

港珠澳大桥由桥、岛、隧组成,连接珠、港、澳三地。大桥建设对三地经济和社会发展有一定的促进作用,但是大桥直接穿过珠江口中华白海豚国家级自然保护区,其工程施工对中华白海豚会造成间接和直接的影响,各类水下施工机械及各类施工船舶在运行过程中,所产生的水下噪声可能会影响中华白海豚的发声及听觉能力,继而可能影响其集群、觅食和繁育等生命过程,甚至可能直接导致中华白海豚受伤或死亡。因此,有必要在港珠澳大桥施工海域实施多种形式的技术措施保护中华白海豚,以缓解涉水工程建设与物种保护之间的矛盾。

本规程是基于在港珠澳大桥施工海域对施工过程及中华白海豚的观察、调查、测量,以及对现场采集数据的分析结果编写而成。在编写过程中,编制单位还参考了国内外与声驱赶保护海豚相关的实验研究文献和应用成果。

本规程是实施声驱赶保护施工海域中华白海豚的技术基础和基本操作程序。本规程的发布和实施,有助于规范声驱赶保护技术的应用,最大限度地减少,甚至在一定程度上避免大桥工程施工对中华白海豚的不利影响,推进对中华白海豚的保护工作。

5.2.3 声驱赶的用具与方法

声驱赶需要多种用具作为辅助,比如钢管、绳索、望远镜、对讲机、照相机、测距仪、测深仪、GPS 等。这些用具在声驱赶过程中有不同的用途:一方面是观察动物和水环境;另一方面是辅助产生水下噪声,用于驱赶中华白海豚。

5.2.4　声驱赶的船只与人员组织

5.2.4.1　人员资格

从事声驱赶的人员必须身体健康、适合海上工作,取得有关部门颁发的海上基本技能合格证,并持有"声驱赶上岗证"。声驱赶船舶的驾驶员还应持有有效驾驶证。

5.2.4.2　设备许可证

声驱赶船应是合法且检验合格的船舶,并具备适航条件,发动机功率不低于40kW,且该船舶拥有载人(不少于3人)许可证。

5.2.5　声驱赶的操作程序

5.2.5.1　组织和安全

(1)港珠澳大桥主体工程施工单位组织实施声驱赶,附属工程施工单位协助执行声驱赶。港珠澳大桥管理局或其指定单位监督声驱赶实施。

(2)声驱赶应遵循海上施工及航行安全操作规程,声驱赶过程中必须保障人员安全,同时保证中华白海豚安全及设备安全,不得违规操作和故意影响或伤害中华白海豚。

5.2.5.2　时间和空间

(1)声驱赶具有时间连续性,贯穿于工程施工全过程。在某一次施工开始之前的30min,声驱赶应开始。在某一次施工结束后的30min,声驱赶才能结束。

(2)声驱赶水域范围具有连续性,声驱赶水域至少应延展到施工海域外围500m范围。如果施工海域面积大,可采取分片或分段驱赶。如果施工强度高(比如施工会产生强噪声或强振动),则声驱赶水域的延展范围应大于500m。声驱赶保护不限于水面,还包括水层。在浅于10m的水域施工,主要是水面活动的中华白海豚保护;在水深10m以上水域施工,除保护水面活动的中华白海豚外,还应采取措施保护在水下活动的中华白海豚。

5.2.5.3　培训及资格

(1)培训对象:港珠澳大桥主体工程及特定的附属工程的施工单位的管理人员、技术人员、安全人员、施工人员,以及港珠澳大桥管理局认定的必须接受培训的其他人员。

(2)培训内容:中华白海豚生物学特征、生活习性、保护状况、野外识别,以及声驱赶基本原理、设备组成、操作程序、安全事项等。培训包括理论知识培训及现场实习。

(3)培训时间:培训工作至少应在主体工程或附属工程施工开始之前一周完成。理论培训时间不少于2h,现场实习时间不少于4h。

（4）组织形式：港珠澳大桥管理局或其指定的单位组织声驱赶保护技术培训，包括组织编写培训教材、安排培训时间及场地、组织授课教师及培训人员、组织结业考试及考核，以及发放从业资格证明等。

5.2.5.4 组织实施及责任

（1）施工单位应设立声驱赶保护小组，该小组具体实施中华白海豚声驱赶保护工作。声驱赶保护小组设组长、技术副组长、安全副组长。

（2）声驱赶保护小组的主要责任：准备和维护声驱赶保护设施及设备，确定声驱赶保护的局部水域及具体实施时间，观察局部水域范围内中华白海豚的活动，评估施工海域范围内中华白海豚可能受伤害的风险，设置及安装声驱赶保护设施及设备，检查声驱赶保护设施及设备的完整性和安全性，评估声驱赶保护的实际效果，记录声驱赶保护实施的过程及相关事项等。

5.2.6 实施声驱赶的注意事项

5.2.6.1 确认白海豚

高速旋转的螺旋桨极易伤害中华白海豚，声驱赶船在航行之前应确认船舶周围50m范围没有中华白海豚活动。

5.2.6.2 船舶安全距离

参与声驱赶的船舶数量根据施工区范围大小而定，确定船舶数量的一般原则是，在施工区外围500m范围的警戒线上，相邻声驱赶船之间的距离不能大于2km。

5.2.6.3 船只队形

单船执行声驱赶时，声驱赶船以施工区为中心做螺旋形航行；双船执行声学驱赶时，双船同向航行，前后距离不超过100m，航行路线为螺旋形；三船或三船以上执行声驱赶时，施工区周围的水域被划分成和声驱赶船数量一致的扇形警戒区，每艘船在各自警戒的扇形水域内，以施工区为中心，由内向外做"Z"形或"S"形航行。

5.2.6.4 发动机噪声

汽油发动机噪声的频率通常高于柴油发动机噪声的频率，两种类型发动机的声学驱赶船轮换使用，可以提高声学驱赶效率。

5.2.6.5 有序驱赶

尽管中华白海豚有避船行为，但是有序的船舶噪声驱赶有助于更安全地驱离进入施工海域的中华白海豚。

5.2.7　行政主管部门对实施声驱赶的要求

5.2.7.1　适用范围

本规程适用于港珠澳大桥局所管理或监管的海洋工程项目的主体工程及附属工程的全部涉水施工过程。

5.2.7.2　适用目标

本规程适用于通过声学技术和方法驱赶进入施工海域或在施工海域周围一定范围内活动的中华白海豚个体或群体的保护操作。

5.2.7.3　现场适用性

在实际执行声驱赶保护中华白海豚的过程中,应结合现场的环境条件、施工设施设备的位置、施工操作的工艺和工法,以及中华白海豚的分布及活动情况等,合理地应用本规程。

5.2.7.4　合法性

港珠澳大桥施工海域声驱赶保护中华白海豚的程序和操作除应符合本规程的规定外,还应符合国家、行业、企业现行有关规定。

5.2.8　规程执行要求

5.2.8.1　执行目标

最大限度地减缓或消除施工过程中多种因素对中华白海豚的直接或间接的不利影响和伤害。

5.2.8.2　执行单位

在执行水域开展与港珠澳大桥工程有关的海洋工程项目的主体工程及附属工程的施工单位,或港珠澳大桥管理局认定的应执行本规程的其他施工单位。

5.2.8.3　监督单位

港珠澳大桥管理局,或港珠澳大桥管理局指定的管理单位、工程单位,或中华白海豚保护及科研单位。

5.2.8.4　执行时间

在港珠澳大桥或港珠澳大桥管理局认定的其他工程的主体工程及附属工程施工期间,应执行本规程。

5.2.8.5　执行水域

广东珠江口中华白海豚国家级自然保护区及其邻近水域,或中华白海豚自然分布及活动水域,或港珠澳大桥管理局指定的某一特定水域。

参 考 文 献

［1］ JeffersonT. A. , Hung S. K. A Review of the Status of the Indo-Pacific Humpback Dolphin（Sousa chinensis）in Chinese Waters. Aquatic Mammals,2004,30：149-158.

［2］ Jefferson T. A. Population biology of the Indo-Pacific hump-backed dolphin in Hong Kong waters. Wildlife Monographs,2000：1-65.

［3］ 汪伟洋.厦门港中华白海豚生活习性初步观察［J］.福建水产学会讯,1965：3-4,16-21.

［4］ Barros N. B. , Jefferson T. A. , Parsons E. C. M. Feeding Habits of Indo-Pacific Humpback Dolphins（Sousa chinensis）Stranded in Hong Kong［J］. Aquatic Mammals,2004,30（1）：179-188.

［5］ 张西阳,宁曦,莫雅茜,等.基于广义可加模型的珠江口中华白海豚栖息地偏向性研究.四川动物,2015, 34（6）：824-831.

［6］ Hung S. K. , Jefferson T. A. Ranging Patterns of Indo-Pacific Humpback Dolphins（Sousa chinensis）in the Pearl River Estuary,Peoples Republic of China. Aquatic Mammals,2004,30：159-174.

［7］ 贾晓平,陈涛,周金松,等.珠江口中华白海豚的初步调查［J］.中国环境科学,2000（s1）：80-82.

［8］ 王丕烈,韩家波.中国水域中华白海豚种群分布现状与保护［J］.海洋环境科学,2007,26（5）：484-487.

［9］ Purton A. Ethological categories of behaviour and some consequences of their conflation. Anim Behav,1978,26： 653-670.

［10］ Muller M. , A. Boutiere, A. Weaver, N. Candelon. Ethogram of the bottlenose dolphin（Tursiops truncatus）with special reference to solitary and sociable dolphins. English Translation of Vie Milieu,1998,48：89-104.

［11］ Apiccino E. E. , Tizzi R. Bottlenose dolphin（Tursiops truncatus）behavioural catalogue in controlled environment［C］//34th Annual Symposium of the European Association for Aquatic Mammals. 2006.

［12］ Gnone G. Ethogram of bottle-nosed dolphin Tursiops truncatus. European Research on Cetaceans,1991,5： 108-109

［13］ Xiao J. , D. Wang. Construction of ethogram of the captive Yangtze finless porpoises, Neophocaena phocaenoides asiaeorientalis. Acta Hydrobiologica Sinica,2005,29：253

［14］ Hofmann B. , M. Scheer, I. P. Behr. Underwater behaviors of short-finned pilot whales（Globicephala macrorhynchus）off Tenerife. Mammalia mamm,2004,68：221-224.

［15］ Scheer M. , B. Hofmann, I. P. Behr. Ethogram of selected behaviors initiated by free-ranging short-finned pilot whales（Globicephala macrorhynchus）and directed to human swimmers during open water encounters. Anthrozoos：A Multidisciplinary Journal of The Interactions of People & Animals,2004,17：244-258.

［16］ Karczmarski L. , M. Thornton, V. G. Cockcroft. Description of selected behaviours of humpback dolphins：Sousa chinensis Aquatic Mammals,1997,23.3：7.

［17］ Parsons E. The behaviour of Hong Kong's resident cetaceans：the Indo-Pacific hump-backed dolphin and the finless porpoise. Aquatic Mammals,1998,24：91-110.

[18] Van Parijs S. , P. Corkeron. Boat traffic affects the acoustic behaviour of Pacific humpback dolphins, Sousa chinensis. Journal of the Marine Biological Association of the UK,2001a,81: 533-538.

[19] Ng S. L. ,S. Leung. Behavioral response of Indo-Pacific humpback dolphin (Sousa chinensis) to vessel traffic. Marine Environmental Research,2003,56:555-567.

[20] Karczmarski L. ,V. G. Cockcroft. Daylight behaviour of humpback dolphins Sousa chinensis in Algoa Bay,South Africa. Zeitschrift Fur Saugetierkunde-International Journal of Mammalian Biology,1999,64:19-29.

[21] Parsons E. C. M. The Behavior and Ecology of the Indo-Pacific Humpback Dolphin (Sousa chinensis). Aquatic Mammals,2004,30:38-55.

[22] Parra G. Behavioural ecology of Irrawaddy,Orcaella brevirostris (Owen in Gray,1866),and Indo-Pacific humpback dolphins, Sousa chinensis (Osbeck, 1765), in northeast Queensland, Australia: a comparative study. 2005.

[23] Parra G. J. ,P. J. Corkeron,P. Arnold. Grouping and fission-fusion dynamics in Australian snubfin and Indo-Pacific humpback dolphins. Anim Behav. 2001.

[24] Parra G. J. Observations of an Indo-Pacific humpback dolphin carrying a sponge: object play or tool use? Mammalia,2007,71:147-149.

[25] HASHIM N. U. R. A. N. O. R. , S. A. JAAMAN. Boat Effects on the Behaviour of Indo-Pacific Humpback (Sousa chinensis) and Irrawaddy Dolphins (Orcaella brevirostris) in Cowie Bay,Sabah,Malaysia. Sains Malaysiana,2011,40:1383-1392.

[26] Sims P. Q. ,Vaughn R. ,Hung S. K. ,Wursig B. Sounds of Indo-Pacific humpback dolphins (Sousa chinensis) in West Hong Kong: A preliminary description. The Journal of the Acoustical Society of America,2012,131: EL48-EL53.

[27] Parsons E. The behaviour of Hong Kong's resident cetaceans: the Indo-Pacific hump-backed dolphin and the finless porpoise. Aquatic Mammals,1998,24:91-110.

[28] Jefferson T. A. ,Hung S. K. Effects of Biopsy Sampling on Indo-Pacific Humpback Dolphins (Sousa chinensis) in a Polluted Coastal Environment. Aquatic Mammals,2008,34:310-316.

[29] Chen T. ,Hung S. K. ,Y. Qiu,X. Jia,Jefferson T. A. Distribution,abundance,and individual movements of Indo-Pacific humpback dolphins (Sousa chinensis) in the Pearl River Estuary, China. Mammalia, 2010, 74: 117-125.

[30] Huang S,et al. Demography and population trends of the largest population of Indo-Pacific humpback dolphins. Biological Conservation,2012,147:234-242.

[31] Karczmarski L. ,B. Wursig,G. Gailey,K. W. Larson,C. Vanderlip. Spinner dolphins in a remote Hawaiian atoll: social grouping and population structure. Behavioral Ecology,2005,16:675-685.

[32] Lusseau D. Effects of tour boats on the behavior of bottlenose dolphins: using Markov chains to model anthropogenic impacts. Conserv Biol,2003a,17:1785-1793.

[33] Hastie G. D. ,B. Wilson,L. H. Tufft,P. M. Thompson. Bottlenose dolphins increase breathing synchrony in re-

sponse to boat traffic. Marine Mammal Science,2003,19:74-84.

[34] Janik V. M. ,P. M. Thompson. CHANGES IN SURFACING PATTERNS OF BOTTLENOSE DOLPHINS IN RE-SPONSE TO BOAT TRAFFIC. Marine Mammal Science,1996,12:597-602.

[35] Hodgson A. J. ,H. Marsh. Response of dugongs to boat traffic:The risk of disturbance and displacement. J Exp Mar Biol Ecol,2007,340:50-61.

[36] Stensland E. ,P. Berggren. Behavioural changes in female Indo-Pacific bottlenose dolphins in response to boat-based tourism. Marine Ecology Progress Series,2007,332:225-234.

[37] Foote A. D. ,R. W. Osborne,A. R. Hoelzel. Environment:Whale-call response to masking boat noise. Nature, 2004,428:910-910.

[38] Tosi C. H. ,R. G. Ferreira. Behavior of estuarine dolphin,Sotalia guianensis (Cetacea,Del-phinidae), in controlled boat traffic situation at southern coast of Rio Grande do Norte,Brazil. Biodivers Conserv,2009,18:67-78.

[39] Lusseau D. Effects of tour boats on the behavior of bottlenose dolphins:using Markov chains to model anthropogenic impacts. Conserv Biol,2003a,17:1785-1793.

[40] Ng S. L. , S. Leung. Behavioral response of Indo-Pacific humpback dolphin (Sousa chinensis) to vessel traffic. Marine Environmental Research,2003,56:555-567.

[41] La Manna G. ,M. Manghi,G. Pavan,F. Lo Mascolo,G. Sarà. Behavioural strategy of common bottlenose dolphins (Tursiops truncatus) in response to different kinds of boats in the waters of Lampedusa Island (Italy). Aquatic Conservation:Marine and Freshwater Ecosystems,2013:n/a-n/a.

[42] Morton B. Protecting Hong Kong's marine biodiversity:present proposals,future challenges. Environmental Conservation,1996,23:55-65.

[43] Chilvers B. L. ,P. J. Corkeron,M. L. Puotinen. Influence of trawling on the behaviour and spatial distribution of Indo-Pacific bottlenose dolphins (Tursiops aduncus) in Moreton Bay,Australia. Canadian Journal of Zoology, 2003,81:1947-1955.

[44] Hung S. K. ,T. A. Jefferson. Ranging Patterns of Indo-Pacific Humpback Dolphins (Sousa chinensis) in the Pearl River Estuary,Peoples Republic of China. Aquatic Mammals,2004,30:159-174.

[45] Brook F. ,Lim E. H. T. ,Chua F. H. C. ,et al. Assessment of the Reproductive Cycle of the Indo-Pacific Humpback Dolphin,Sousa chinensis,Using Ultrasonography[J]. Aquatic Mammals,2004,30(1):137-148.

[46] Fertl D. ,A. Schiro. Carrying of dead calves by free-ranging Texas bot? enose dolphins (Tursiops trtmcatus). Aquatic Mammals,1994,20:53-56.

[47] Kurimoto M. Behavioural observations of bottlenose dolphins towards two dead conspecifics. Aquatic Mammals, 2003,29:108-116.

[48] Park K. J. ,et al. An unusual case of care-giving behavior in wild long-beaked common dolphins (Delphinus capensis) in the East Sea. Marine Mammal Science,2012:n/a-n/a.

[49] Caldwell M. C. ,Caldwell D. K. . Epimeletic (care-giving) behavior in Cetacea. Whales,porpoises and dolphins. University of California Press,Berkeley,California,1996:755-789.

［50］ Cremer M. J. , F. A. Sliva Hardt, A. J. Tonello Júnior. Evidence of epimeletic behavior involving a Pontoporia blainvillei calf (Cetacea, Pontoporiidae). Biotemas, 2011, 19:83-86.

［51］ Karczmarski L. Group dynamics of humpback dolphins (Sousa chinensis) in the Algoa Bay region, South Africa. Journal of Zoology, 1999, 249:283-293.

［52］ Henderson E. E. , J. A. Hildebrand, M. H. Smith, E. A. Falcone. The behavioral context of common dolphin (Delphinus sp.) vocalizations. Marine Mammal Science, 2012, 28(3):439-460.

［53］ Dungan S. Z. Comparing the social structures of Indo-Pacific humpback dolphins (Sousa chinensis) from the Pearl River Estuary and eastern Taiwan Strait. TRENT UNIVERSITY, 2012.

［54］ Dungan S. Z. , S. K. Hung, J. Y. Wang, B. N. White. Two social communities in the Pearl River Estuary population of Indo-Pacific humpback dolphins (Sousa chinensis). Canadian Journal of Zoology, 2012, 90:1031-1043.

［55］ Malik S. , et al. Assessment of mitochondrial DNA structuring and nursery use in the North Atlantic right whale (Eubalaena glacialis). Can J Zool, 1999, 77:1217-1222.

［56］ Rowntree V. J. , R. S. Payne, D. M. Schell. Changing patterns of habitat use by southern right whales (Eubalaena australis) on their nursery ground at Península Valdés, Argentina, and in their long-range movements. J. CETACEAN RES. MANAGE, 2001, 2:133-143.

［57］ Reyes L. M. , P. García-Borboroglu. Killer whale (Orcinus orca) predation on sharks in Patagonia, Argentina: a first report. Aquatic Mammals, 2004, 30:376-379.

［58］ Mussi B. , A. Miragliuolo, D. Pace. Acoustic and behaviour of sperm whale nursery groups in the waters of Ischia, Italy. European Research on Cetaceans, 2005, 19.

［59］ Pace D. , A. Miragliuolo, B. Mussi. Behaviour of a nursery group of entangled sperm whale (Capo Palinuro, Southern Tyrrhenian sea, Italy). European Research on Cetaceans, 2005, 19.

［60］ Stockin K. A. , G. J. Pierce, V. Binedell, N. Wiseman, M. B. Orams. Factors affecting the occurrence and demographics of common dolphins (Delphinus sp.) in the Hauraki Gulf, New Zealand. Aquatic Mammals, 2008, 34: 200-211.

［61］ Henderson E. E. Behavior, association patterns and habitat use of a small community of bottlenose dolphins in San Luis Pass, Texas. Texas A&M University, 2004.

［62］ Weir C. Distribution, behaviour and photo-identification of Atlantic humpback dolphins Sousa teuszii off Flamingos, Angola. Afr J Mar Sci, 209, 31:319-331.

［63］ Srinivasan M. , T. Markowitz. Predator threats and dusky dolphin survival strategies. Dusky dolphins: master acrobats of different shores. Texas A&M University Press, Texas, 2009:133-150.

［64］ Connor R. , J. Mann, J. Watson-Capps. A Sex-Specific Affiliative Contact Behavior in Indian Ocean Bottlenose Dolphins, Tursiops sp. Ethology, 2006, 112:631-638.

［65］ Cockcroft V. , W. Sauer. Observed and inferred epimeletic (nurturant) behaviour in bottlenose dolphins. Aquatic Mammals, 1990, 16:31-32.

［66］ Harzen S. , M. E. dos Santos. Three encounters with wild bottlenose dolphins (Tursiops truncatus) carrying dead calves. Aquatic Mammals,1992,18:49-55.

[67] Tyack P. An optical telemetry device to identify which dolphin produces a sound. The Journal of the Acoustical Society of America,1985,78(5):1892-1895.

[68] Au W. W. L.,Hastings M. C. Principles of marine bioacoustics. Springer Science,2008.

[69] Au W. W. L.,Giorli G.,Chen,J.,Copeland A.,Lammers M.,Richlen M.,Jarvis S.,Morrissey R.,Moretti D.,Klinck H. Nighttime foraging by deep diving echolocating odontocetes off the Hawaiian islands of Kauai and Niihau as determined by passive acoustic monitors. The Journal of the Acoustical Society of America,2013,133(5):3119-3127.

[70] Jensen F. H.,Beedholm K.,Wahlberg M.,Bejder L.,Madsen P. T. Estimated communication range and energetic cost of bottlenose dolphin whistles in a tropical habitat. The Journal of the Acoustical Society of America,2012,131(1):582-592.

[71] Azevedo A. F.,Simão S. M. Whistles produced by marine tucuxi dolphins (Sotalia fluviatilis) in Guanabara Bay,southeastern Brazil. Aquatic Mammals,2002,28(3):261-266.

[72] May-Collado L. J. Guyana dolphins (Sotalia guianensis) from Costa Rica emit whistles that vary withsurface behaviors. The Journal of the Acoustical Society of America,2013,134:EL359-EL365.

[73] Janik V. M. Source levels and the estimated active space of bottlenose dolphin (Tursiops truncatus) whistles in the Moray Firth,Scotland. Journal of Comparative Physiology A-Sensory Neural and Behavioral Physiology,2000a,186(7-8):673-680.

[74] Thode A.,Norris T.,Barlow J. Frequency beamforming of dolphin whistles using a sparse three-element towed array,Journal of the Acoustical Society of America,2000,107:3581-3584.

[75] Lammers M. O.,Au W. W. L. Directionality in the whistles of Hawallan Spinner Dolphins(Stenella longirostris):a signal feature to cue direction of movement. Maring Mammal Science,2003,19:249-264.

[76] E. Moore S.,H. Ridgway S. Whistles produced by common dolphins from the Southern California Bight. Aquatic Mammals,1995,21:55-63.

[77] Webb J. F. Acoustic communication signals of mysticete whales,Bioacoustics,1997,8:47-60.

[78] Volodin I. A.,Volodina E. V.,Klenova A. V.,Filatova O. A. Individual and sexual differences in the calls of the monomorphic White-faced Whistling Duck Dendrocygna viduata,Acta Ornithol,2005,40:43-52.

[79] Janik V. M.,Sayigh L. S.,Wells R. S. Signature whistle shape conveys identity information to bottlenose dolphins. P Natl Acad Sci USA,2006,103:8293-8297.

[80] Belikov R. A.,Bel'kovich V. M. Whistles of beluga whales in the reproductive gathering off So-lovetskii Island in the White Sea,Acoust Phys,2007,+53,528-534.

[81] Van Parijs S. M.,Corkeron P. J. Vocalizations and Behaviour of Pacific Humpback Dolphins Sousa chinensis. Ethology,2001b,107:701-716.

[82] Weir C. First description of Atlantic humpback dolphin Sousa teuszii whistles,recorded off Angola. Bioacoustics,2010,19(3):211-224.

［83］ Bazúa-Durán C. ,Au W. W. The whistles of Hawaiian spinner dolphins. The Journal of the Acoustical Society of America,2002,112(6):3064-3072.

［84］ Wang Z. T. ,Fang L. ,Shi W. J. ,Wang K. X. ,Wang D. Whistle characteristics of free-ranging Indo-Pacific humpback dolphins (Sousa chinensis) in Sanniang Bay,China. The Journal of the A-coustical Society of Amer-ica,2013,133:2479-2489.

［85］ Hollander M. ,Wolfe D. A. Nonparametric Statistical Methods. John Wiley & Sons. Inc. ,1973.

［86］ Zhang H. C. ,Xu J. P. Modern statistics of psychology and education. Beijing Normal University Press,2003.

［87］ Xu X. ,Zhang L. ,Wei C. Whistles of Indo-Pacific humpback dolphins (Sousa chinensis). AIP Conference Pro-ceedings. 2012,pp. 556-562.

［88］ Seekings P. J. ,Yeo K. P. ,Chen Z. P. ,Nanayakkara S. C. ,Tan J. ,Tay P. ,Taylor E. Classification of a Large Collection of Whistles from Indo-Pacific Humpback Dolphins (Sousa chinensis). OCEANS 2010 IEEE,Syd-ney,2010,pp. 1-5.

［89］ Hoffman J. M. ,Ponnampalam L. S. ,Araújo C. C. ,Wang J. Y. ,Kuit S. H. ,Hung S. K. Comparison of Indo-Pa-cific humpback dolphin (Sousa chinensis) whistles from two areas of western Peninsular Malaysia. The Journal of the Acoustical Society of America,2015,138(5):2829-2835.

［90］ Soto A. B. ,Marsh H. ,Everingham Y. ,Smith J. N. ,Parra G. J. ,Noad M. Discriminating between the vocaliza-tions of Indo-Pacific humpback and Australian snubfin dolphins in Queensland,Australia. The Journal of the A-coustical Society of America,2014,136(2):930-938.

［91］ Schultz K. W. ,Corkeron P. J. Interspecific Differences in Whistles Produced by Inshore Dolphins in Moreton Bay,Queensland,Australia. Canadian Journal of Zoology,1994,72(6):1061-1068.

［92］ Zbinden K. ,Pilleri G. ,Kraus,C. ,Bernath O. Observations on the behaviour and underwater sounds of the plumbeous dolphin (Sousa plumbeous G. Cuvier 1829) in the Indus Delta region. Investigations on Cetacea,1977:259-286.

［93］ Azevedo A. F. ,Flach L. ,Bisi T. L. ,Andrade L. G. ,Dorneles P. R. ,Lailson-Brito J. Whistles emitted by At-lantic spotted dolphins (Stenella frontalis) in southeastern Brazil. The Journal of the Acoustical Society of A-merica,2010,127(4):2646-2651

［94］ Wang D. ,Bernd W. ,William E. E. Whistles of bottlenose dolphins:comparisons among populations. Aquatic Mammals,1995a,21(1):13.

［95］ Wang D. ,Würsig B. ,Evans W. Comparisons of whistles among seven odontocete species. in:Sensory systems of aquatic mammals,(Eds.) R. A. Kastelein,J. A. Thomas,P. E. Nachtigall,Vol. 25,De Spil Publishers. Woer-dem,Netherlands,1995b,pp. 299-324.

［96］ May-Collado L. J. ,Wartzok D. A characterization of Guyana dolphin (Sotalia guianensis) whistles from Costa Rica:The importance of broadband recording systems. The Journal of the Acoustical Society of America,2009,125(2):1202-1213.

［97］ Gish S. L. ,Morton E. S. Structural Adaptations to Local Habitat Acoustics in Carolina Wren Songs. Zeitschrift für Tierpsychologie,1981,56(1):74-84.

[98] May-Collado L. J., Wartzok D. A Comparison of Bottlenose Dolphin Whistles in the Atlantic Ocean:Factors Promoting Whistle Variation. Journal of Mammalogy,2008,89(5):1229-1240.

[99] Morisaka T., Shinohara M., Nakahara F., Akamatsu T. Effects of ambient noise on the whistles of Indo-Pacific bottlenose dolphin populations. Journal of Mammalogy,2005a,86(3):541-546.

[100] Brown C. H., Gomez R., Waser P. M. Old world monkey vocalizations:adaptation to the local habitat? Animal Behaviour,1995,50(4):945-961.

[101] Gautier J., Gautier A. Communication in old world monkeys. in:How animals communicate,(Ed.) T. A. Sebeok,Indiana University Press. Bloomington,1977,pp. 890-964.

[102] Lammers M. O., Brainard R. E., Au W. W. L. Diurnal trends in the mid-water biomass community of the Northwestern Hawaiian Islands observed acoustically[J]. The Journal of the Acoustical Society of America, 2004,116(4):2488-2489.

[103] Neves S. Acoustic behaviour of Risso's dolphins,Grampus griseus,in the Canary Islands,Spain[D]. University of St Andrews,2013.

[104] Johnson M., Madsen P. T., Zimmer W. M. X., De Soto N. A., Tyack P. L. Beaked whales echolocate on prey. Proceedings of the Royal Society of London. Series B:Biological Sciences,2004,271(Suppl 6):S383-S386.

[105] Kimura S., Akamatsu T., Fang L., Wang Z., Wang K., Wang D., Yoda K. Apparent source level of free-ranging humpback dolphin,Sousa chinensis,in the South China Sea. Journal of the Marine Biological Association of the United Kingdom,2014.

[106] Madsen P. T., Wahlberg M., Møhl B. Male sperm whale (Physeter macrocephalus) acoustics in a high-latitude habitat:implications for echolocation and communication. Behav. Ecol. Sociobiol.,2002,53:31-41.

[107] Akamatsu T., Wang D., Nakamura K., Wang K. X. Echolocation range of captive and free-ranging baiji (Lipotes vexillifer),finless porpoise (Neophocaena phocaenoides),and bottlenose dolphin (Tursiops truncatus). The Journal of the Acoustical Society of America,1998,104:2511-2516.

[108] Akamatsu T., Matsuda A., Suzuki S., Wang D., Wang K. X., Suzuki M., Muramoto H., Sugiyama N., Oota K. New Stereo Acoustic Data Logger for Free-ranging Dolphins and Porpoises. Marine Technology Society Journal,2005,39(2):3-9.

[109] Goold J. C., Jefferson T. A. A note on clicks recorded from free-ranging Indo-Pacific humpback dolphins, Sousa chinensis[J]. Aquatic mammals,2004,30(1):175-178.

[110] Madsen P. T., Wahlberg M. Recording and quantification of ultrasonic echolocation clicks from free-ranging toothed whales. Deep Sea Research Part I:Oceanographic Research Papers,2007,54(8):1421-1444.

[111] Li S., Wang D., Wang K., Taylor E. A., Cros E., Shi W., Wang Z., Fang L., Chen Y., Kong F. Evoked-potential audiogram of an Indo-Pacific humpback dolphin (Sousa chinensis). The Journal of Experimental Biology,2012,215(17):3055-3063.

[112] Li S., Wang D., Wang K., Hoffmann-Kuhnt M., Fernando N., Taylor E. A., Lin W., Chen J., Ng T. Possible

age-related hearing loss (presbycusis) and corresponding changein echolocation parameters in a stranded In-do-Pacific humpback dolphin. The Journal of Experimental Biology,2013,216(22):4144-4153.

[113] Wahlberg M. ,Beedholm K. ,Heerfordt A. ,et al. Characteristics of biosonar signals from the northern bottle-nose whale,Hyperoodon ampullatus[J]. Journal of the Acoustical Society of America,2011,130(5):3077.

[114] Au W. W. L. Echolocation signals of wild dolphins. Acoustical Physics,2004,50(4):454-462.

[115] Madsen P. T. ,Kerr I. ,Payne R. Echolocation clicks of two free-ranging,oceanic delphinids with different food preferences:false killer whales Pseudorca crassidens and Risso's dolphins Grampus griseus. [J]. Journal of Experimental Biology,2004,207(11):1811-1123.

[116] Au W. W. L. ,Herzing D. L. Echolocation signals of wild Atlantic spotted dolphin (Stenella frontalis)[J]. The Journal of the Acoustical Society of America,2003,113(1):598-604.

[117] Philips J. D. ,Nachtigall P. E. ,Au W. W. L. ,et al. Echolocation in the Risso's dolphin, Grampus griseus [J]. The Journal of the Acoustical Society of America,2003,113(1):605-616.

[118] Au W. W. L. ,Würsig B. Echolocation signals of dusky dolphins (Lagenorhynchus obscurus) in Kaikoura,New Zealand[J]. The Journal of the Acoustical Society of America,2004,115(5):2307-2313.

[119] Au W. W. L. ,Benoit-Bird K. J. Automatic gain control in the echolocation system of dolphins. Nature,2003, 423(6942):861-863.

[120] Darling J. D. ,Jones M. E. ,Nicklin C. P. Humpback whale (Megaptera novaeangliae) singers in Hawaii are attracted to playback of similar song (L),The Journal of the Acoustical Society of America,2012,132:2955-2958.

[121] Au W. W. ,Branstetter B. K. ,Benoit-Bird K. J. ,Kastelein R. A. Acoustic basis for fish prey discrimination by echolocating dolphins and porpoises. The Journal of the Acoustical Society of America,2009,126:460.

[122] Tervo O. M. ,Christoffersen M. F. ,Simon M. ,Miller L. A. ,Jensen F. H. ,Parks S. E. ,Madsen P. T. High source levels and small active space of high-pitched song in bowhead whales (Balaena mysticetus). PloS ONE,2012,7(12):e52072.

[123] Kimura S. ,Akamatsu T. ,Wang K. ,Wang D. ,Li S. ,Dong S. ,Arai N. Comparison of stationary acoustic mo-nitoring and visual observation of finless porpoises. The Journal of the Acoustical Society of America,2009, 125:547-553.

[124] Kimura S. ,Akamatsu T. ,Li S. H. ,Dong S. Y. ,Dong L. J. ,Wang K. X. ,Wang D. Density estimation of Yang tze finless porpoises using passive acoustic sensors and automated click train detection,The Journal of the A-coustical Society of America,2010,128:1435-1445.

[125] Li S. ,Akamatsu T. ,Dong L. ,Wang K. ,Wang D. ,Kimura S. Widespread passive a-coustic detection of Yan-gtze finless porpoise using miniature stereo acoustic data-loggers:A review. The Journal of the Acoustical Soci-ety of America,2010,128:1476.

[126] Wang Z. T. ,Akamatsu T. ,Wang K. X. ,Wang D. The Diel Rhythms of Biosonar Behavior in the Yangtze Fin-less Porpoise (Neophocaena asiaeorientalis asiaeorientalis) in the Port of the Yangtze River:The Correlation

between Prey Availability and Boat Traffic, PLoS ONE, 2014, 9: e97907.

[127] Marsh H. W., Schulkin M. Shallow-Water Transmission. The Journal of the Acoustical Society of America, 1962, 34(6): 863-864.

[128] Thorp W. H., Browning D. G. Attenuation Of low frequency sound in the ocean. Journal of Sound and Vibration, 1973, 26: 576-578.

[129] Fisher F. H., Simmons V. P. Sound absorption in sea water. The Journal of the Acoustical Society of America, 1977, 62(3): 558-564.

[130] Richardson W. J., Greene C. R. J., Malme C. I., Thompson D. H. Marine Mammals and Noise. San Diego: Academic Press 1995.

[131] Kyhn L. A., Tougaard J., Jensen F., Wahlberg M., Stone G., Yoshinaga A., Beedholm K., Madsen, P. T. Feeding at a high pitch: Source parameters of narrowband, high-frequency clicks from echolocating off-shore hourglass dolphins and coastal Hector's dolphins. The Journal of the Acoustical Society of America, 2009, 125: 1783.

[132] Villadsgaard A., Wahlberg M., Tougaard J. Echolocation signals of wild harbour porpoises, Phocoena phocoena [J]. Journal of Experimental Biology, 2007, 210(1): 56-64.

[133] Popov V. V., Supin A. Y., Wang D., Wang K., Xiao J., Li S. Evoked-potential audiogram of the Yangtze finless porpoise Neophocaena phocaenoides asiaeorientalis (L). The Journal of the Acoustical Society of America, 2005, 117: 2728.

[134] Finneran J. J., Houser D. S., Schlundt C. E. Objective Detection of Bottlenose Dolphin (Tursiops truncatus) Steady-State Auditory Evoked Potentials in Response to AM/FM Tones. Aquatic Mammals, 2007, 33: 43-54.

[135] Finneran J. J., Houser D. S., Mase-Guthrie B., Ewing R. Y., Lingenfelser R. G. Auditory evoked potentials in a stranded Gervais' beaked whale (Mesoplodon europaeus), The Journal of the Acoustical Society of America, 2009, 126: 484-490.

[136] Kastelein R. A., Verboom W. C., Jennings N., de Haan D. Behavioral avoidance threshold level of a harbor porpoise (Phocoena phocoena) for a continuous 50kHz pure tone, The Journal of the Acoustical Society of America, 2008, 123: 1858-1861.

[137] Mann D. A., Lobel P. S. Propagation of damselfish (Pomacentridae) courtship sounds. The Journal of the Acoustical Society of America, 1997, 101(6): 3783-3791.

[138] Lucke K., Siebert U., Lepper P. A., Blanchet M. A. Temporary shift in masked hearing thresholds in a harbor porpoise (Phocoena phocoena) after exposure to seismic airgun stimuli, The Journal of the Acoustical Society of America, 2009, 125, 4060-4070.

[139] Au W. W., Houser D. S., Finneran J. J., Lee W. J., Talmadge L. A., Moore P. W. The acoustic field on the forehead of echolocating Atlantic bottlenose dolphins (Tursiops truncatus). The Journal of the Acoustical Society of America, 2010, 128: 1426-1434.

[140] Beedholm K., Miller L. A. Automatic gain control in a harbour porpoise (Phocoena phocoena) Central ver

susperipheral mechanisms. Aquatic Mammals,2007a,33,69.

[141] Paul E. Nachtigall,Mooney T. A. ,Taylor K. A. ,Yuen M. M. L. Hearing and Auditory Evoked Potential Methods Applied to Odontocete Cetaceans. Aquatic Mammals,2007,33:6-13.

[142] Popov V. V. ,Supin A. Y. ,Pletenko M. G. ,Tarakanov M. B. ,Klishin V. O. ,Bulgakova T. N. ,Rosanova E. I. Audiogram variability in normal bottlenose dolphins (Tursiops truncatus). Aquatic Mammals,2007,33(1): 24-33.

[143] Supin A. Y. ,Nachtigall P. E. Gain variation in the odontocete biosonar when prior information about echo parameters is or is not available,(ASA) ,2012,p. 070009.

[144] Houser D. S. ,Gomez-Rubio A. ,Finneran J. J. Evoked potential audiometry of 13 Pacific bottlenose dolphins (Tursiops truncatus gilli). Marine Mammal Science,2008,24(1) :28-41.

[145] Beedholm K. ,Miller L. A. Automatic Gain Control in Harbor Porpoises (Phocoena phocoena)? Central Versus Peripheral MechanismsAquatic Mammals,2007b,33:69-75.

[146] Houser D. S. ,Crocker D. E. ,Reichmuth C. ,Mulsow J. ,Finneran J. J. Auditory Evoked Potentials in Northern Elephant Seals (Mirounga angustirostris). Aquatic Mammals,2007,33:110-121.

[147] Soto A. B. ,Cagnazzi D. ,Everingham Y. ,Parra G. J. ,Noad M. ,Marsh H. Acoustic alarms elicit only subtle responses in the behaviour of tropical coastal dolphins in Queensland,Australia. 2013.

[148] Larsen A. K. ,Nymo I. H. ,Boysen P. ,et al. Entry and Elimination of Marine Mammal Brucella spp. by Hooded Seal (Cystophora cristata) Alveolar Macrophages In Vitro[J]. Plos One,2013,8(7) :e70186.

[149] Chen L. ,Yang G. A set of polymorphic dinucleotide and tetranucleotide microsatellite markers for the Indo-Pacific humpback dolphin (Sousa chinensis) and cross-amplification in other cetacean species. Conserv Genet,2009,10:697-700.

[150] Parsons E. C. ,Jefferson T. A. Post-mortem investigations on stranded dolphins and porpoises from Hong Kong waters[J]. J Wildl Dis,2000,36(2) :342-356.

[151] Ketten D. R. Functional analyses of whale ears:adaptations for underwater hearing[C]// Oceans. IEEE, 1994:I/264-I/270 vol. 1.

[152] Ridgway S. H. Dolphin sound production:Physiologic,diurnal,and behavioral correlations[J]. Journal of the Acoustical Society of America,1983,74(S1) :S73.

[153] Jonker G. Vibratory pile driving hammers for pile installations and soil improvement projects. in:the 19th Annual Offshore Technology Conference. Houston,Texas,1987,pp. 549-560.

[154] Reyff J. A. Underwater sound pressure levels associated with marine pile driving:Assessment of impacts and evaluation of control measures. Transportation Research Record:Journal of the Transportation Research Board, 2005,11(1) :481-490.

[155] Lucke K. ,Lepper P. A. ,Blanchet M. A. ,Siebert U. The use of an air bubble curtain to reduce the received sound levels for harbor porpoises (Phocoena phocoena). The Journal of the Acoustical Society of America, 2011,130:3406-3412.

［156］ MacGillivray A. ,Warner G. ,Racca R. ,O' Neill C. Tappan Zee Bridge Construction Hydroacoustic Noise Modeling,(JASCO Applied Sciences). 2011.

［157］ Southall B. L. ,Bowles A. E. ,Ellison W. T. ,Finneran J. J. ,Gentry R. L. ,Greene C. R. ,Kastak D. ,Ketten D. R. ,Miller J. H. ,Nachtigall P. E. ,Richardson W. J. ,Thomas J. A. ,Tyack P. L. Marine mammal noise exposure criteria:Initial scientific recommendations. Aquatic Mammals,2007,33(4):411-521.

［158］ Melcon M. L. ,Cummins A. J. ,Kerosky S. M. ,Roche L. K. ,Wiggins S. M. ,A. Hildebrand J. Blue whales respond to anthropogenic noise. Plos one,2012,7:e32681.

［159］ Nedwell J. R. ,Turnpenny A. W. ,Lovell J. M. ,Edwards B. An investigation into the effects of underwater piling noise on salmonids,The Journal of the Acoustical Society of America,2006,120:2550.

［160］ Blackwell S. B. ,Lawson J. W. ,Williams M. T. Tolerance by ringed seals (Phoca hispida) to impact pipe-driving and construction sounds at an oil production island. The Journal of the Acoustical Society of America, 2004,115:2346.

［161］ Wahlberg M. ,Westerberg H. Hearing in fish and their reactions to sounds from offshore windfarms:Marine Ecology Progress Series,2005,288:295-309.

［162］ Richardson W. J. ,Greene C. R. J. ,Malme C. I. ,Thompson D. H. Marine Mammals and Noise (Academic PressSan Diego). 1995.

［163］ Hildebrand J. A. Anthropogenic and natural sources of ambient noise in the ocean. Marine Ecology Progress Series,2009,395:5-20.

［164］ Au W. W. L. The sonar of dolphins. Springer-Verlag,1993.

［165］ Zar J. H. Biostatistical analysis Upper Saddle River. NJ:Prentice-Hall,1999.

［166］ Finneran J. J. ,Schlundt C. E. Frequency-dependent and longitudinal changes in noise-induced hearing loss in a bottlenose dolphin (Tursiops truncatus). The Journal of the Acoustical Society of America,2010,128(2): 567-570.

［167］ NOAA. Draft Guidance for Assessing the Effects of Anthropogenic Sound on Marine Mammals:Acoustic Threshold Levels for Onset of Permanent and Temporary Threshold Shifts. 12-18-2013 ed,National Oceanic and Atmospheric Administration. Silver Spring,Maryland,2013a.

［168］ Finneran J. J. ,Schlundt C. E. Effects of fatiguing tone frequency on temporary threshold shift in bottlenose dolphins (Tursiops truncatus). The Journal of the Acoustical Society of America,2013,133(3):1819-1826.

［169］ Finneran J. J. ,Schlundt C. E. Subjective loudness level measurements and equal loudness contours in a bottle-nose dolphin (Tursiops truncatus). The Journal of the Acoustical Society of America, 2011, 130 (5): 3124-3136.

［170］ Suzuki Y. ,Takeshima H. Equal-loudness-level contours for pure tones. The Journal of the Acoustical Society of America,2004,116(2):918-933.

［171］ Robinson D. W. ,Dadson R. S. A re-determination of the equal-loudness relations for pure tones. British Journal of Applied Physics,1956,7(5):166-181.

[172] Finneran J. ,Jenkins A. Criteria and thresholds for US Navy acoustic and explosive effects analysis. Space and Naval Warfare Systems Center Pacific. 2012.

[173] Finneran J. J. ,Schlundt C. E. ,Carder D. A. ,Ridgway S. H. Auditory filter shapes for the bottlenose dolphin (Tursiops truncatus) and the white whale (Delphinapterus leucas) derived with notched noise. The Journal of the Acoustical Society of America,2002a,112:322.

[174] Committee J. N. C. Draft guidelines for minimising acoustic disturbance to marine mammals from seismic surveys,vol. www. jncc. gov. uk/marine,Joint Nature Conservation Committee. Aberdeen,2008,pp. 1-142.

[175] Lesage V. ,Barrette C. ,Kingsley M. C. S. ,Sjare B. The effect of vessel noise on the vocal behavior of belugas in the St. Lawrence river estuary,Canada. Marine Mammal Science,1999,15(1):65-84.

[176] Foote A. D. ,Osborne R. W. ,Hoelzel A. R. Environment:Whale-call response to masking boat noise. Nature, 2004,428(6986):910-910.

[177] Holt M. M. ,Noren D. P. ,Veirs V. ,Emmons C. K. ,Veirs S. Speaking up:Killer whales (Orcinus orca) increase their call amplitude in response to vessel noise. The Journal of the Acoustical Society of America,2009, 125(1):EL27-EL32.

[178] Richardson W. J. ,Würsig B. ,Greene C. R. Reactions of bowhead whales,Balaenamysticetus,to seismic exploration in the Canadian Beaufort Sea. The Journal of the Acoustical Society of America, 1986, 79 (4): 1117-1128.

[179] Brandt M. J. ,Diederichs A. ,Betke K. ,Nehls G. Responses of harbour porpoises to pile driving at the Horns Rev II offshore wind farm in the Danish North Sea. Marine Ecology Progress Series,2011,421:205-216.

[180] Pirotta E. ,Brookes K. L. ,Graham I. M. ,Thompson P. M. Variation in harbour porpoise activity in response to seismic survey noise. Biology Letters,2014,10(5).

[181] Buckstaff K. C. Effects of watercraft noise on the acoustic behavior of bottlenose dolphins,Tursiops truncatus, in Sarasota bay,Florida. Marine Mammal Science,2004,20(4):709-725.

[182] Morisaka T. ,Shinohara M. ,Nakahara F. ,Akamatsu T. Geographic variations in the whistles among three Indo-Pacific bottlenose dolphin Tursiops aduncus populations in Japan Fisheries Science,2005b,71(3).

[183] Codarin A. ,Wysocki L. E. ,Ladich F. ,Picciulin M. Effects of ambient and boat noise on hearing and communication in three fish species living in a marine protected area (Miramare,Italy). Marine Pollution Bulletin, 2009,58(12):1880-1887.

[184] Vasconcelos R. O. ,Amorim M. C. P. ,Ladich F. Effects of ship noise on the detectability of communication signals in the Lusitanian toadfish. Journal of Experimental Biology,2007,210(12):2104-2112.

[185] Bailey H. ,Senior B. ,Simmons D. ,Rusin J. ,Picken G. ,Thompson P. M. Assessing underwater noise levels during pile-driving at an offshore windfarm and its potential effects on marine mammals. Marine Pollution Bulletin,2010,60(6):888-897.

[186] David J. A. Likely sensitivity of bottlenose dolphins to pile-driving noise. Water and Environment Journal, 2006,20(1):48-54.

[187] Erbe C. Underwater noise of whale-watching boats and potential effects on killer whales (Orcinus orca), based on an acoustic impact model. Marine Mammal Science,2002,18(2):394-418.

[188] Hamilton E. L. Sound attenuation as a function of depth in the sea floor. The Journal of the Acoustical Society of America,1976,59(3):528-535.

[189] Urick R. J. Principles of underwater sound. McGraw-Hill,1983.

[190] Madsen P. T. ,Wahlberg M. ,Tougaard J. ,Lucke K. ,Tyack P. L. Wind turbine underwater noise and marine mammals:implications of current knowledge and data needs. Marine Ecology Progress Series, 2006, 309: 279-295.

[191] Würsig B. ,Greene Jr C. ,Jefferson T. Development of an air bubble curtain to reduce underwater noise of percussive piling. Marine Environmental Research,2000,49(1):79-93.

索　引

l

q

s

t

x

y

z

图书在版编目(CIP)数据

施工海域中华白海豚声学保护技术/王丁等著. —
北京:人民交通出版社股份有限公司,2018.3

ISBN 978-7-114-14624-4

Ⅰ.①施… Ⅱ.①王… Ⅲ.①水体声学—应用—
海豚—动物保护—研究 Ⅳ.①Q959.841

中国版本图书馆 CIP 数据核字(2018)第 057856 号

"十三五"国家重点图书出版规划项目
交通运输科技丛书·公路基础设施建设与养护
港珠澳大桥跨海集群工程建设关键技术与创新成果书系
国家科技支撑计划资助项目(2011BAG07B05)

书　　名:施工海域中华白海豚声学保护技术
著 作 者:王　丁　吴玉萍　余　烈　苏权科　王克雄　刘建昌　等
责任编辑:李　农　林春江　李　沛　等
责任校对:刘　芹
责任印制:张　凯
出版发行:人民交通出版社股份有限公司
地　　址:(100011)北京市朝阳区安定门外外馆斜街 3 号
网　　址:http://www.ccpress.com.cn
销售电话:(010)59757969
总 经 销:人民交通出版社股份有限公司发行部
经　　销:各地新华书店
印　　刷:北京雅昌艺术印刷有限公司
开　　本:787×1092　1/16
印　　张:10
字　　数:188 千
版　　次:2018 年 3 月　第 1 版
印　　次:2018 年 3 月　第 1 次印刷
书　　号:ISBN 978-7-114-14624-4
定　　价:80.00 元
(有印刷、装订质量问题的图书,由本公司负责调换)